L'épopée de l'énergie nucléaire

Une histoire scientifique et industrielle

GÉNIE ATOMIQUE

L'épopée de l'énergie nucléaire

Une histoire scientifique et industrielle

Paul Reuss

Institut national des sciences et techniques nucléaires

EDP SCIENCES

17, avenue du Hoggar
Parc d'activités de Courtabœuf, BP 112
91944 Les Ulis Cedex A, France

Illustrations de couverture : Archives CEA © CEA/Jahan-J0145 ; Aménagement nucléaire de Golfech. Vue aérienne © EDF. Médiathèque.

ISBN : 978-2-86883-880-3

Introduction à la collection « Génie Atomique »

Au sein du Commissariat à l'énergie atomique (CEA), l'Institut national des sciences et techniques nucléaires (INSTN) est un établissement d'enseignement supérieur sous la tutelle du ministère de l'Éducation nationale et du ministère de l'Industrie. La mission de l'INSTN est de contribuer à la diffusion des savoir-faire du CEA au travers d'enseignements spécialisés et de formations continues, tant à l'échelon national, qu'aux plans européen et international.

Cette mission reste centrée sur le nucléaire, avec notamment l'organisation d'une formation d'ingénieur en « Génie Atomique ». Fort de l'intérêt que porte le CEA au développement de ses collaborations avec les universités et les écoles d'ingénieurs, l'INSTN a développé des liens avec des établissements d'enseignement supérieur aboutissant à l'organisation, en co-habilitation, de plus d'une vingtaine de Masters. À ces formations s'ajoutent les enseignements des disciplines de santé : les spécialisations en médecine nucléaire et en radiopharmacie ainsi qu'une formation destinée aux physiciens d'hôpitaux.

La formation continue constitue un autre volet important des activités de l'INSTN, lequel s'appuie aussi sur les compétences développées au sein du CEA et chez ses partenaires industriels.

Dispensé dès 1954 au CEA Saclay où ont été bâties les premières piles expérimentales, la formation en « Génie Atomique » (GA) l'est également depuis 1976 à Cadarache où a été développée la filière des réacteurs à neutrons rapides. Depuis 1958 le GA est enseigné à l'École des applications militaires de l'énergie atomique (EAMEA) sous la responsabilité de l'INSTN.

Depuis sa création, l'INSTN a diplômé plus de 4 000 ingénieurs que l'on retrouve aujourd'hui dans les grands groupes ou organismes du secteur nucléaire français : CEA, EDF, AREVA, Marine nationale. De très nombreux étudiants étrangers provenant de différents pays ont également suivi cette formation.

Cette spécialisation s'adresse à deux catégories d'étudiants : civils et militaires. Les étudiants civils occuperont des postes d'ingénieurs d'études ou d'exploitation dans les réacteurs nucléaires, électrogènes ou de recherches, ainsi que dans les installations du cycle du combustible. Ils pourront évoluer vers des postes d'experts dans l'analyse du risque nucléaire et de l'évaluation de son impact environnemental. La formation de certains officiers des sous-marins et porte-avions nucléaires français est dispensée par l'EAMEA.

Le corps enseignant est formé par des chercheurs du CEA, des experts de l'Institut de radioprotection et de sûreté nucléaire (IRSN), des ingénieurs de l'industrie (EDF, AREVA...) Les principales matières sont : la physique nucléaire et la neutronique, la thermohydraulique, les matériaux nucléaires, la mécanique, la protection radiologique, l'instrumentation nucléaire, le fonctionnement et la sûreté des réacteurs à eau sous pression (REP), les filières et le cycle du combustible nucléaire. Ces enseignements dispensés sur une durée de six mois sont suivis d'un projet de fin d'étude, véritable prolongement de la formation réalisé à partir d'un cas industriel concret, se déroulent dans les centres de recherches du CEA, des groupes industriels (EDF, AREVA) ou à l'étranger (États-Unis, Canada, Royaume-Uni...) La spécificité de cette formation repose sur la large place consacrée aux enseignements pratiques réalisés sur les installations du CEA (réacteur ISIS, simulateurs de REP : SIREP et SIPACT, laboratoires de radiochimie, etc.)

Aujourd'hui, en pleine maturité de l'industrie nucléaire, le diplôme d'ingénieur en « Génie Atomique » reste sans équivalent dans le système éducatif français et affirme sa vocation : former des ingénieurs qui auront une vision globale et approfondie des sciences et techniques mises en œuvre dans chaque phase de la vie des installations nucléaires, depuis leur conception et leur construction jusqu'à leur exploitation puis leur démantèlement.

L'INSTN s'est engagé à publier l'ensemble des supports de cours dans une collection d'ouvrages destinés à devenir des outils de travail pour les étudiants en formation et à faire connaître le contenu de cet enseignement dans les établissements d'enseignement supérieur, français et européens. Édités par EDP Sciences, acteur particulièrement actif et compétent dans la diffusion du savoir scientifique, ces ouvrages sont également destinés à dépasser le cadre de l'enseignement pour constituer des outils indispensables aux ingénieurs et techniciens du secteur industriel.

Joseph Safieh
Responsable général
du cours de Génie Atomique

Vous savez que j'ai un esprit scientifique.
Or, récemment, j'ai fait une découverte bouleversante !
En observant la matière de plus près...
j'ai vu des atomes...
qui jouaient entre eux...
et qui se tordaient de rire !
Ils s'esclaffaient !
Vous vous rendez compte...
des conséquences incalculables que cela peut avoir ?
Je n'ose pas en parler, parce que
j'entends d'ici les savants !
— Monsieur, le rire est le propre de l'homme !
Eh oui !...
Et pourtant !
Moi, j'ai vu, de mes yeux vu...
des atomes qui : « Ha ! ha ! ha ! »
Maintenant, de quoi riaient-ils ?
Peut-être de moi ?
Mais je n'en suis pas sûr !
Il serait intéressant de le savoir.
Parce que si l'on savait ce qui amuse les atomes,
on leur fournirait matière à rire...
Si bien qu'on ne les ferait plus éclater que de rire.
Alors, me direz-vous, que deviendrait la fission
nucléaire ?
Une explosion de joie !

Raymond Devos (9 novembre 1922–15 juin 2006)
Matière à rire
Plon (1991)

Table des matières

Préface ... xi

Introduction ... xiii

Chapitre 1 : Les prémices de l'énergie nucléaire

L'intuition de la structure atomique dès l'Antiquité ... 1
Les travaux précurseurs : Dalton, Mendeleïev... ... 1
La découverte des rayons X ... 2
La découverte de la radioactivité ... 3
La découverte du radium et du polonium ... 4
$E = mc^2$ ... 6
L'image de l'atome se précise petit à petit ... 7
Le neutron postulé, puis mis en évidence ... 9
La découverte de la radioactivité artificielle ... 11
Les réactions par neutrons et l'énigme de l'absorption des neutrons par l'uranium 12
La découverte de la fission ... 13
L'idée de la réaction en chaîne de fissions et les brevets de l'équipe Joliot ... 14
La découverte du plutonium ... 22
L'ébauche de la neutronique ... 22

- Les moyens de calcul ... 22
- L'énergie des neutrons et la modération ... 23
- Les interactions entre les neutrons et la matière ... 23
- L'allure et les ordres de grandeur des sections efficaces des noyaux lourds 24
- La migration des neutrons ... 25
- Le calcul de la masse critique en théorie à un groupe ... 26
- L'amélioration du calcul du facteur de multiplication infini : la formule des quatre facteurs ... 27
- L'amélioration du traitement de la migration des neutrons : la théorie âge + diffusion ... 28
- Conclusion ... 28

Chapitre 2 : La genèse de l'énergie nucléaire

L'équipe française est disloquée ... 29
La pile CP1 de Fermi ... 29
Les recherches en Angleterre et au Canada pendant la guerre ... 31
Le projet Manhattan ... 32
Hiroshima et Nagasaki ... 35
La Guerre froide ... 37
L'Agence internationale à l'énergie atomique et Euratom ... 37
La reconstitution de l'équipe française et la naissance du CEA ... 38
Zoé ... 39
Les conférences de Genève ... 41
Les premières réalisations électronucléaires ... 42
Réacteurs à neutrons thermiques ou réacteurs à neutrons rapides ? ... 43
Les piles de Saclay EL2 et EL3 ... 46
Les prototypes des réacteurs électronucléaires ... 47
- Les piles de Marcoule G1, G2 et G3 ... 47
- La centrale des Monts d'Arrée (le réacteur EL4) ... 50
- La centrale Chooz A-1 (le réacteur SENA) et Tihange ... 50

Le programme UNGG de Chinon-1 à Bugey-1 ... 51
Le programme « neutrons rapides » ... 53
- Le prototype : Rapsodie ... 53
- Le réacteur de puissance : Phénix, puis Superphénix ... 53

Le programme d'armes nucléaires, le PAT et le Redoutable ... 54
La création de l'IPSN et de la DSIN ... 56
La création de l'INSTN ... 56
Les développements de la « neutronique analytique » ... 58
- Les études de réseaux ... 58
- Les développements analytiques ... 59
- Les premiers codes de calcul ... 60
- Les premières résolutions numériques ... 60

La découverte du phénomène d'Oklo ... 61

Chapitre 3 : La maturité de l'énergie nucléaire

L'optimisme ... 65
Le lancement du programme REP français ... 66
Le développement de Framatome et la francisation du REP ... 67
Les développements dans les autres pays ... 72
La création d'Eurodif ... 74
L'usine de retraitement de La Hague ... 75
Superphénix : une bonne idée réalisée trop tôt ... 78
Le recyclage du plutonium dans les réacteurs à eau ... 79
Retraitement ou stockage en l'état des combustibles irradiés ? ... 81
La politique « Carter » ... 81
Les autres filières industrielles de réacteurs ... 82
La bombe française ... 84
- La production de matières nucléaires ... 85

• Les essais nucléaires ... 85
• Les navires nucléaires ... 88
La course aux armements ... 89
Les autres applications de l'énergie nucléaire ... 91
Les réacteurs de recherche ... 94
Les développements de la « neutronique numérique » ... 96
Three Mile Island (1979) et Tchernobyl (1986) ... 100
Les développements de la « philosophie de la sûreté » ; l'IRSN et la DGRSN ... 101
Les inquiétudes de l'opinion publique ; la loi de 1991 sur les déchets ... 103

Chapitre 4 : Perspectives de l'énergie nucléaire

Introduction ... 109
Le projet EPR ... 110
L'étude du multirecyclage du plutonium ... 111
Le recyclage des matières fissiles issues du démantèlement des armes ... 114
L'étude du procédé SILVA ... 115
L'amplificateur d'énergie de Carlo Rubbia ... 116
La sûreté passive ... 118
L'incinération des déchets radioactifs ... 119
La démarche « réacteurs de quatrième génération » ... 119
La fusion nucléaire ... 122

Conclusion : nucléaire et développement durable ... 127

Les spécificités de l'énergie nucléaire ... 127
• Aspects technologiques ... 127
• Aspects économiques ... 128
• Aspects environnementaux ... 129
Les conditions pour un avenir à l'énergie nucléaire ... 130
• Poursuivre les recherches et les développements ... 130
• Assurer la formation des spécialistes ... 131
• Obtenir l'adhésion du public ... 131
Les atouts de l'énergie nucléaire pour un développement durable ... 133

Postfaces et annexes

Le témoignage d'un acteur de cette histoire ... 137

Le témoignage d'un acteur qui poursuivra cette histoire ... 149

Bibliographie ... 153

Principaux industriels, organismes et institutions nucléaires français .. 157

Index des noms cités ... 159

Préface

Le livre de Paul Reuss ne se veut, ni un ouvrage technique destiné aux seuls étudiants en Génie atomique, ni le livre d'un historien professionnel. L'histoire scientifique et industrielle de l'énergie nucléaire y est retracée de l'intérieur, par l'un des acteurs même de cette histoire, ingénieur et physicien au CEA. L'auteur met a profit sa connaissance approfondie de la physique des réacteurs pour nous faire comprendre les concepts qui ont permis le développement de différentes filières jusqu'à aujourd'hui. Un chapitre préliminaire résume opportunément les principales avancées qui menèrent de la découverte de la radioactivité à la découverte de la fission de l'uranium, jusqu'à la première réaction en chaine de fission auto-entretenue réalisée dans la « pile » de Fermi en décembre 1942. Le dernier chapitre, en forme de conclusion, fait un bilan rapide des inconvénients et des atouts de l'énergie nucléaire dans la perspective d'un développement durable.

Les remarques de l'auteur sur les méthodes de modélisation ayant permis la réalisation des premiers réacteurs sont au cœur du livre. Les approches décrites ont un grand intérêt bien au-delà de leur objet de départ, la neutronique. Les réflexions sur les mérites de méthodes de ce type, malgré leurs limitations, comparées aux méthodes de simulation permises par les calculateurs modernes sonnent comme d'utiles avertissements contre le risque d'abdication du sens physique.

L'approche descriptive adoptée privilégie les réalisations françaises et les réacteurs de production d'électricité, sans omettre bien évidemment le contexte mondial, parfois déterminant, ou les programmes d'armes nucléaires. Ce choix de limitation du sujet traité évite au lecteur d'être submergé par la masse des informations exhaustives que l'on peut trouver dans des ouvrages spécialisés. Les données de base sur l'électronucléaire en France sont aisément accessibles en quelques tableaux.

La pile Zoé diverge à Chatillon le 15 décembre 1948. Il s'agit d'un outil de recherche. Au fil du récit, le lecteur voit se construire, à travers les succès et les difficultés, le projet qui permet aujourd'hui à notre pays de se passer presque complètement de centrales brûlant des combustibles fossiles pour produire l'électricité qui lui est nécessaire. L'auteur s'arrête en particulier sur l'épisode majeur que constitue pour la France le basculement judicieux de la filière graphite-gaz à uranium naturel, à la filière actuelle de réacteurs à eau sous pression et uranium légèrement enrichi (REP). L'épisode, comme celui plus récent de l'arrêt du réacteur Superphénix, incite à la réflexion sur le pouvoir supposé de la « technoscience », plus limité que beaucoup ne le croient, devant des décisions économiques ou politiques. Dans le cas de Superphénix, l'auteur souligne à juste titre les inconvénients de cette décision très politique.

Paul Reuss prend acte, sans s'y attarder, de l'impact des associations relayées par l'opinion publique sur le développement des programmes de centrales nucléaires. Il note que les inquiétudes principales évoluent avec l'actualité : retombées radioactives des essais nucléaires dans les années 1960, accident de Tchernobyl en 1986, discussions sur le stockage des déchets nucléaires aujourd'hui, sans entrer dans la controverse sur le décalage entre des risques perçus comme très élevés et les risques réels. Ce sont ces derniers que scientifiques et techniciens se sont attachés à réduire depuis les tout débuts de l'industrie nucléaire en France. C'est en effet une singularité de cette industrie que les questions de sûreté et de sécurité aient été prises en compte, de l'intérieur, aux différentes étapes de son développement. Je pense qu'on doit à cette approche, menée dans le cadre d'établissements publics, la remarquable absence d'accidents graves en France. L'énergie nucléaire, comme l'indique l'auteur, a atteint sa maturité, les compétences se sont diversifiées et multipliées. Les conditions sont réunies pour que les autorités de contrôle compétentes acquièrent leur totale indépendance.

Au sortir de la guerre, la recherche fondamentale en physique nucléaire et radiochimie a rendu possible la construction des premiers réacteurs et la formation des spécialistes du nucléaire. Une dizaine d'années plus tard, les liens entre physiciens et ingénieurs, entre CNRS et universités d'une part, et CEA de l'autre, s'étaient distendus au point de quasi disparaître sur toutes les questions touchant aux applications (sauf peut-être en radiochimie). Frédéric Joliot-Curie obtint alors que l'INSTN nouvellement créé pour l'enseignement en génie atomique, soit placé sous la double tutelle du CEA et de l'Éducation nationale. L'absence d'intérêt des organismes de recherche fondamentale combinée aux réticences du CEA, plus tard aussi d'EDF, Cogema ou même Andra, perdura malheureusement pendant de longues années, freinant les initiatives. Après Tchernobyl, lors des débats sur l'énergie nucléaire, on ne put que constater, et pas seulement en France, un déficit de recherche en amont tant sur de nouvelles filières de réacteurs que sur les déchets nucléaires.

Les programmes de recherches amorcés depuis une quinzaine d'années marquent le renouvellement des approches et un retour aux sources avec le développement de collaborations organisées entre les différents acteurs de la recherche. Le bouillonnement des recherches en cours est évoqué à travers le témoignage d'un jeune chercheur du CNRS, formant contrepoint au témoignage d'un pionnier du calcul des réacteurs au CEA.

Les conditions me semblent réunies pour que s'ouvre un nouveau cycle de l'histoire de l'énergie nucléaire. Le dernier chapitre du livre évoque les perspectives à moyen et plus long terme. Il montre en effet, non que le chemin est tout tracé, mais que des voies multiples sont ouvertes. Face au changement climatique induit par l'effet de serre, la nécessité absolue de réduire l'utilisation des combustibles fossiles sans même attendre leur épuisement, impose de conjuguer tous les efforts. Économies d'énergie prioritairement, développement des énergies solaires et éoliennes, parc de centrales nucléaires capables de fournir les grandes quantités d'énergie concentrée nécessaires aux grands centres urbains et industriels entre autres.

Hélène LANGEVIN-JOLIOT
Directeur de recherches émérite au CNRS

Introduction

Cette courte histoire de l'énergie nucléaire est destinée aux étudiants de l'Institut national des Sciences et Techniques nucléaires, en particulier aux élèves du *Génie atomique* ; j'espère qu'elle pourra intéresser aussi un public plus large.

Si la connaissance de l'histoire d'une science ou d'une technique à laquelle s'intéresse l'étudiant n'est certes pas en général sa préoccupation première, un éclairage minimal n'est cependant pas inutile. Comprendre comment sont nés et se sont forgés les grands concepts permet de mieux les appréhender et de les hiérarchiser. Et l'évocation des acteurs qui ont fait cette histoire est un hommage qui leur est dû. L'expérience montre que, si on les a quelque peu sensibilisés, les jeunes sont curieux de connaître un peu mieux leurs prédécesseurs et les conditions dans lesquelles ils ont travaillé.

Cet éclairage fait l'objet d'une conférence d'une demi-journée en introduction aux cours du *Génie atomique*. Ces quelques heures ne permettent pas de rentrer dans tous les détails. Ce document essaie de combler la curiosité de ceux qui voudront en savoir un peu plus.

Ce qui est relaté n'est pas vraiment original, sauf peut-être en ce qui concerne les développements de la neutronique : j'ai seulement fait un tri parmi les statistiques et parmi les anecdotes relatées dans les nombreux ouvrages beaucoup plus complets qui existent sur le sujet ; ceux qui m'ont été particulièrement utiles — sur l'histoire et sur la situation actuelle — sont cités dans la bibliographie.

J'ai délibérément choisi un point de vue privilégiant les travaux et les réalisations françaises. Bien entendu, ces travaux n'ont pas pu ignorer les avancées faites ailleurs dans le monde et se sont même le plus souvent appuyés sur ces avancées : c'est pourquoi les recherches et développements menés ailleurs — ceux de Démocrite, Mendeleïev, Bohr, Fermi, Rickover, Rubbia... comme bien d'autres — seront aussi évoqués.

J'ai décidé de me centrer sur l'aspect énergétique — et plus spécifiquement électrogène — de l'énergie nucléaire ; cependant là aussi le contexte — le projet Manhattan et l'arme nucléaire, les réacteurs fossiles d'Oklo, les réacteurs de recherche, le problème des déchets, etc. — ne peut pas être complètement passé sous silence. Mais je ne parlerai ni des accélérateurs, ni des applications de la radioactivité, ni des développements théoriques — tel le modèle standard de la physique des particules — non directement liés à la physique des réacteurs.

Enfin, sachant que je m'adresse préférentiellement à de futurs spécialistes de la physique des réacteurs, j'ai voulu apporter aussi un éclairage sur l'évolution des modélisations et des méthodes de calcul, en particulier sur la révolution qu'a amené dans ces problèmes l'arrivée de l'informatique dans les années 1960. Cet éclairage sera donné sur l'exemple particulièrement significatif de la neutronique. Le lecteur non concerné peut sans inconvénient sauter ces passages.

J'ai adopté une présentation en quatre parties :

- la première sera consacrée aux prémices, c'est-à-dire à la construction de la physique nucléaire, qui a petit à petit découvert la structure atomique et a finalement abouti, avec la découverte de la fission, à l'idée de la réaction en chaîne ;
- la deuxième partie présentera les premières réalisations prototypes et la mise en place d'une sûreté nucléaire rigoureuse ;
- la troisième partie montrera le spectaculaire développement industriel qui a suivi, en France particulièrement, développement cependant freiné par des réticences de l'opinion suscitées, notamment, par deux très graves accidents ;
- dans la quatrième et dernière partie, seront évoquées les recherches actuelles cherchant plus particulièrement à répondre aux préoccupations alimentées par ces craintes d'accident, le problème des déchets, les risques de pénurie d'énergie et de dégradation irréversible de notre environnement ; cela nous permettra d'esquisser ainsi les perspectives de l'énergie nucléaire.

Enfin, les atouts de l'énergie nucléaire pour un « développement durable » seront résumés en guise de conclusion.

De courtes notices biographiques ont été jointes aux noms figurant dans l'index : elles permettront de faire plus ample connaissance avec les principaux acteurs de cette histoire de l'énergie nucléaire.

En annexe, on trouvera le témoignage de mon maître et ami Pierre Benoist : il relate son vécu de cette aventure. Mon jeune collègue Sylvain David donne ensuite sa vision de l'avenir. Avec Hélène Langevin-Joliot qui m'a fait l'honneur de préfacer ce livre, je les remercie chaleureusement.

P.R., Gif-sur-Yvette, novembre 2006.

1 Les prémices de l'énergie nucléaire

L'intuition de la structure atomique dès l'Antiquité

La matière qui nous entoure, — l'argile, le quartz, l'eau ou l'air... —, nous semble parfaitement continue : la plupart des penseurs de l'Antiquité estimaient que même divisée aussi finement qu'on le voudra elle conservera son apparence lisse. Cependant, sans pouvoir en apporter une preuve scientifique, certains savants, tels Démocrite, élève de Leucippe, dans la Grèce du IVe siècle avant J.-C., ont soutenu l'hypothèse d'une structure discontinue : à une échelle trop petite pour être discernée, estimaient ces philosophes, la matière est formée de tout petits atomes (c'est-à-dire des grains insécables) doués de quelques interactions pouvant expliquer les propriétés macroscopiques de la matière : la variété des assemblages possibles d'atomes explique la variété des apparences de la matière. Cette théorie de l'atomisme sera reprise par Épicure (341-270 av. J.-C.), puis par Lucrèce (v. 98-55 av. J.-C.) : les atomes sont éternels et immuables, mais les agrégats d'atomes, plus ou moins résistants, peuvent se décomposer. La théorie de l'atomisme tombera ensuite dans l'oubli avant de réapparaître au XVIIe siècle.

On sait aujourd'hui que cette intuition était correcte même si les grains que nous nommons maintenant « atomes » ne sont pas réellement des objets insécables, comme on l'a découvert avec la radioactivité !

Les travaux précurseurs : Dalton, Mendeleïev...

Bien avant la physique nucléaire, ce sont les travaux des chimistes du XIXe siècle qui ont conforté l'idée d'une structure atomique : elle explique, en effet, très naturellement les proportions simples observées sur les quantités de réactifs intervenant dans les réactions chimiques. Cependant, ceux qui ont soutenu la thèse atomique (Dalton, Gay-Lussac, Mendeleïev...) ne pouvaient pas vraiment étayer cette hypothèse qui fut effectivement longuement contestée par beaucoup de leurs collègues.

Ce n'est que dans toutes dernières années de ce XIXe siècle que les premières découvertes dans le domaine de la physique nucléaire commencèrent à conforter la présomption d'une structure atomique.

La découverte des rayons X

S'il est de tradition de faire démarrer la physique nucléaire avec la découverte de la radioactivité par Henri Becquerel en 1896 (voir ci-dessous), il convient de l'inscrire dans le cadre de travaux un tout petit peu plus anciens, relatifs aux rayons X. Becquerel s'intéressait, en effet, aux rayons X, et notamment aux expériences de Röntgen qui avait découvert ce rayonnement en 1895.

Figure 1.1. Wilhem Conrad Röntgen, prix Nobel de physique en 1901.

Les rayons X proviennent de l'interaction des rayons cathodiques (en langage moderne, électrons) avec les parois en verre d'un tube de Crookes. Röntgen montre que les rayons X peuvent traverser certains matériaux et révéler la trace des objets opaques lorsqu'on développe la plaque photographique qu'ils ont impressionnée.

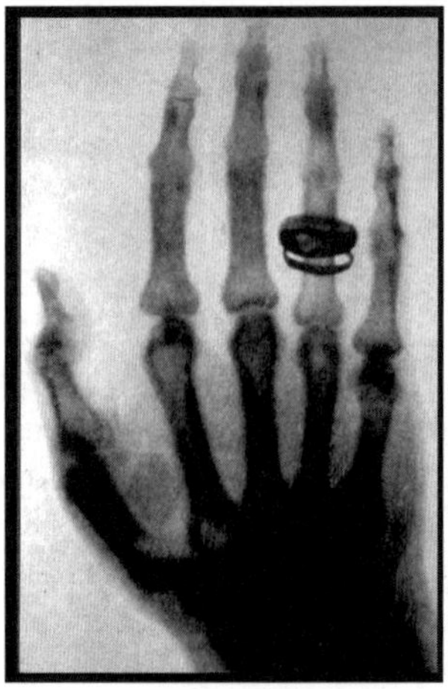

Figure 1.2. La main de Bertha Röntgen. Première radiographie jamais réalisée.

La découverte de la radioactivité

Henri Becquerel, troisième d'une lignée de physiciens français (Henri est le petit-fils d'Antoine Becquerel et le fils d'Alexandre Edmond Becquerel) s'intéresse au phénomène de phosphorescence. Selon une suggestion d'Henri Poincaré, il expose au soleil une plaque photographique entourée de papier noir épais sur laquelle il dispose un sel phosphorescent pour vérifier que le sel excité par la lumière émet des rayons X susceptibles de traverser le papier noir. Avec un sulfate double d'uranium[1] et de potassium, il observe effectivement une tache noire. Après quelques jours sans soleil, pendant lesquelles les plaques sont restées dans un tiroir, il les développe pour s'assurer par acquis de conscience qu'elles n'ont pas été endommagées, et s'aperçoit avec étonnement qu'elles ont été voilées. Il aurait pu conclure à quelque artefact et oublier l'incident; mais Becquerel, en physicien consciencieux, cherche à comprendre. De fil en aiguille et en recoupant les expériences, il finit par montrer que ce sont les cristaux de sulfate d'uranium placés dans le même tiroir qui ont impressionné les plaques, et découvre ainsi la radioactivité des composants uranifères.

[© ACJC - Fonds Curie et Joliot-Curie.]

Figure 1.3. Henri Becquerel dans son laboratoire.

[1] Ce métal, découvert par Martin Klaproth en 1789 n'avait guère eu, à l'époque, d'utilisation industrielle, hormis pour certains émaux (couleur jaune).

Figure 1.4. Photographie dite « La Croix de Malte », impressionnée dans l'obscurité par les rayonnements provenant de l'uranium, et développée le 1er mars 1896 par Henri Becquerel.

Dès 1903, le prix Nobel viendra récompenser cette découverte.

Figure 1.5. Henri Becquerel, prix Nobel de physique en 1903.

La découverte du radium et du polonium

Non loin du laboratoire de Becquerel, à l'École de Physique et Chimie de la ville de Paris, Pierre Curie et son épouse Marie Sklodowska-Curie, aidés par Gustave Bémont, puis, plus tard par André Louis Debierne, s'intéressent à ces radiations uraniques. En particulier, Marie constate que des minéraux naturels, la pechblende (oxyde d'urane) et la chalcolite

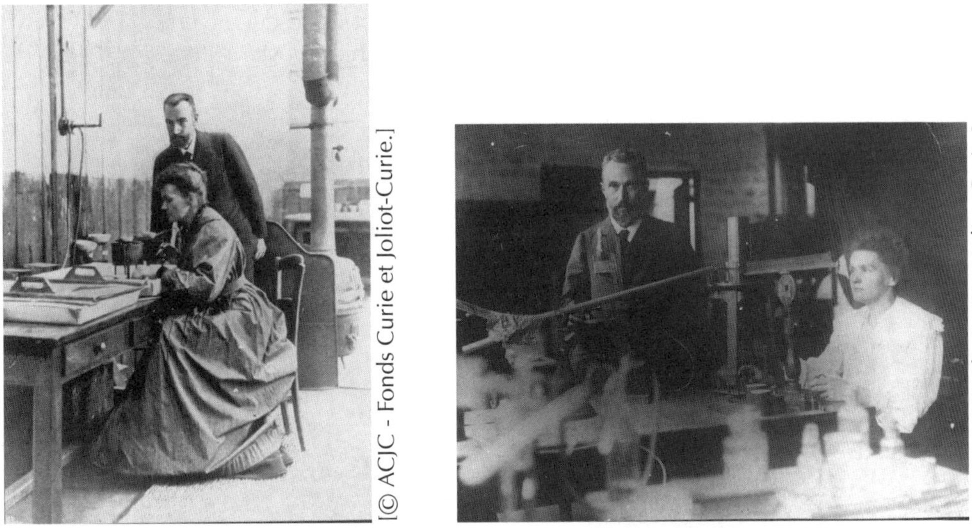

[© ACJC - Fonds Curie et Joliot-Curie.] [© ACJC - Fonds Curie et Joliot-Curie.]

Figure 1.6. Pierre et Marie Curie dans leur laboratoire à Paris.

[© MNHN]

Figure 1.7. Pechblende de Bohême.

[© MNHN]

Figure 1.8. Chalcolite.

(phosphate de cuivre et d'uranyle), sont beaucoup plus actifs que l'uranium métallique extrait de ces minéraux ou que la chalcolite artificielle reconstituée à partir de l'uranium extrait : cela montre que les minéraux naturels contiennent d'autres éléments actifs que l'uranium lui-même. Chimiste, elle entreprend l'analyse de ces produits et découvre ainsi en 1898, avec son mari physicien, deux autres éléments radioactifs naturels, le radium et le polonium[2].

[2] Marie Curie mène aussi des travaux sur le thorium, autre élément dont la radioactivité naturelle est découverte simultanément à Berlin par l'Allemand Carl Schmidt.

Là encore, deux prix Nobel consacreront rapidement cette découverte : 1903, physique, Pierre et Marie (avec Henri Becquerel) ; 1911, chimie, Marie (Pierre est décédé accidentellement en 1906).

[© ACJC - Fonds Curie et Joliot-Curie.]

Figure 1.9. Pierre Curie, prix Nobel de physique en 1903.

[© ACJC - Fonds Curie et Joliot-Curie.]

Figure 1.10. Marie Curie, prix Nobel de physique en 1903 et de chimie en 1911.

$E = mc^2$

En ces mêmes années du tournant du siècle, un fonctionnaire inconnu du Bureau fédéral de la propriété industrielle, à Berne, réfléchit sur la structure de l'espace et du temps : comment peut-on établir la simultanéité ou l'antériorité entre deux « événements » ? Albert Einstein publie ses réflexions en 1905 et, outre le couplage intime entre l'espace et le

[© Image Archive ETH - Bibliothek Zürich.]

Figure 1.11. Albert Einstein, prix Nobel de physique en 1921.

temps, établit l'équivalence entre masse et énergie par l'équation désormais célèbre : $E = mc^2$. Cette équation permettra de mieux appréhender l'origine de l'énergie nucléaire, notamment celles des rayonnements radioactifs qui viennent d'être découverts ; mais, s'il est légitime de parler du « père de la relativité », il est tout à fait abusif, comme on le fait parfois, de qualifier Einstein de « père de la bombe atomique ».

Ces considérations de relativité « restreinte » (à des repères galiléens, c'est-à-dire en mouvement uniforme les uns par rapport aux autres) seront reprises, en 1916, dans un cadre beaucoup plus large avec la « relativité générale » (généralisée à des repères en mouvement quelconque les uns par rapport aux autres) qui révolutionnera la notion de gravitation universelle de Newton. Le prix Nobel récompensera Einstein en 1921, cependant non pas sur ces travaux mais sur ceux qu'il publia, en 1905 également, pour expliquer l'effet photoélectrique par les photons, « grains » de lumière.

L'image de l'atome se précise petit à petit

Le début du XXe siècle voit se multiplier les études des rayonnements émis par les atomes radioactifs ; les trois types de rayonnements, alpha, bêta et gamma sont distingués. Frederick Soddy (prix Nobel de chimie en 1921) précise en 1903 les lois de filiation : la radioactivité alpha fait descendre de deux crans dans la table des éléments, la radioactivité bêta fait monter d'un cran, la radioactivité gamma ne change pas l'élément. (On montrera plus tard que ces rayonnements sont respectivement des noyaux d'hélium [deux protons et

Figure 1.12. Le congrès de Solvay de 1927. Marie Curie est assise entre Max Planck (à sa droite) et Hendrick Antoon Lorentz. À la gauche de celui-ci, Albert Einstein, puis Paul Langevin. Ces congrès réunissait les principaux physiciens de l'époque. On y discuta beaucoup des sujets que nous évoquons ici. (Détail : voir http://perso.orange.fr/philippe.boeuf/robert/portraits/portraits.htm).

deux neutrons], des électrons et des photons de même nature mais plus énergétiques que les photons des rayons X).

En 1911, le physicien britannique Ernest Rutherford (prix Nobel de chimie en 1908) étudie l'interaction des rayons alpha avec la matière et remarque que la loi de déviation angulaire (si une collision a lieu) ne peut se comprendre que si l'essentiel de l'atome est concentré dans une toute petite « sphère dure » centrale, chargée positivement : autrement dit, l'atome est « plein de vide » !

Figure 1.13. Ernest Rutherford, prix Nobel de chimie en 1908.

Figure 1.14. Niels Bohr, prix Nobel de physique en 1922.

Avec Rutherford, le Danois Niels Bohr propose une image de l'atome qui restera célèbre : celle d'un petit « système solaire ». Comme il l'explique dans sa conférence lors de la remise du prix Nobel qui lui est attribué en 1922, « selon nos conceptions actuelles, un atome d'un élément est composé d'un noyau qui possède une charge électrique positive et est le siège, et de loin, de la plus grande partie de la masse atomique, et d'un certain nombre d'électrons, qui ont tous la même charge négative et la même masse, et qui se déplacent autour du noyau, à des distances très grandes par rapport aux dimensions du noyau ou des électrons eux-mêmes. Dans cette image, nous voyons immédiatement une ressemblance frappante avec un système planétaire, tel que celui que nous avons dans notre propre système solaire. »

Cette image sera popularisée par l'ouvrage de Jean Perrin (prix Nobel de physique en 1926), « Les atomes », paru en 1913. Elle est très imparfaite aux yeux des chimistes modernes (Bohr lui-même, qui sera l'un des principaux fondateurs de la mécanique quantique, en est parfaitement conscient) ; mais pour le physicien nucléaire qui ne s'intéresse guère aux électrons, elle reste pertinente.

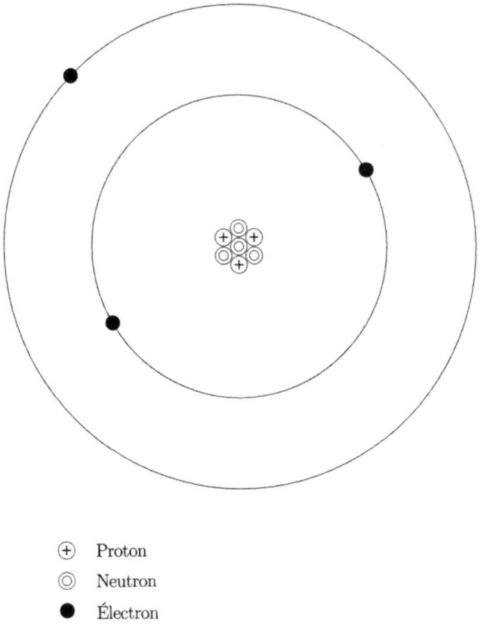

Figure 1.15. L'image de l'atome « système solaire » et du noyau constitué de protons et de neutrons. (Ici atome de lithium 7.)

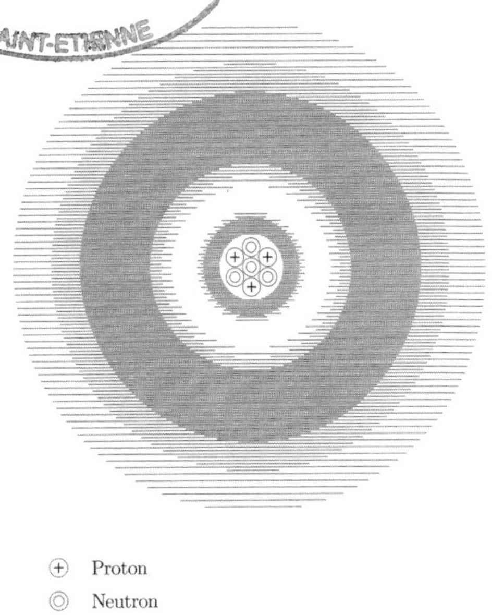

Figure 1.16. Aujourd'hui, on préfère généralement l'image probabiliste : plus le hachurage est fin, plus grande est la probabilité de trouver un électron si une mesure est faite. (Le même « flou » devrait être introduit pour la représentation du noyau.)

Le neutron postulé, puis mis en évidence

Dès cette époque, on sait que le noyau, tout petit par rapport à l'atome, possède presque toute la masse et une charge électrique positive équilibrant les Z charges négatives des Z électrons (ce nombre Z caractérise l'élément chimique : 1 pour l'hydrogène, 2 pour l'hélium..., 6 pour le carbone..., 8 pour l'oxygène..., 92 pour l'uranium). On connaît aussi, grâce aux chimistes, la masse des atomes, et l'on a depuis longtemps remarqué que ces masses sont souvent voisines d'un multiple de celle de l'hydrogène : les nombres de masse A sont, par exemple, 1 pour l'hydrogène, 4 pour l'hélium..., 12 pour le carbone..., 16 pour l'oxygène..., 238 pour l'uranium.

En 1920, Rutherford propose une explication : le noyau contient A protons gouvernant, à peu de chose près, la masse de l'atome ; chacun de ces protons porte une charge élémentaire positive ; pour que l'équilibre avec les Z charges élémentaires négatives des Z électrons planétaires soit réalisé, il y a *aussi* des électrons *dans* le noyau, en nombre $A - Z$, chacun lié à un proton. Ces paires proton-électron sont des objets neutres. L'explication, toutefois, n'est pas très satisfaisante : pourquoi une même particule, l'électron, peut-elle soit s'intégrer au noyau, soit tourner autour comme un satellite ?

Le pas suivant fut franchi par Rutherford lui-même, quand il proposa de remplacer ces paires par des particules proprement dites, neutres, de masse similaire à celle du proton, mais sans charge, qu'on appela « neutrons ».

En 1932, l'Anglais James Chadwick confirma définitivement cette hypothèse en mettant expérimentalement en évidence le neutron.

Figure 1.17. James Chadwick, prix Nobel de physique en 1935.

Le modèle du noyau composé de *A* nucléons se répartissant en *Z* protons et $N = A - Z$ neutrons que nous utilisons aujourd'hui fut proposé cette même année par l'Allemand Werner Heisenberg, plus connu par ses travaux en mécanique quantique (prix Nobel de physique en 1932).

Ce modèle explique l'isotopie, découverte, sur les éléments radioactifs, par Frederick Soddy, en 1913, puis ensuite sur les éléments stables : les atomes de même *Z* mais différant par *N*, « isotopes » d'un même élément (ce qui signifie « même emplacement » dans la table de Mendeleïev) sont pratiquement indiscernables par la chimie qui n'analyse que le cortège des *Z* électrons autour du noyau ; en revanche, leurs propriétés nucléaires (par exemple une période radioactive) peuvent être fort différentes.

Remarquons au passage que l'isotopie explique aisément les valeurs non entières du nombre *A* parfois observées, par exemple 35,5 pour le chlore : ces éléments sont formés d'un mélange d'isotopes, c'est-à-dire d'atomes différant par *A* mais non par *Z* et donc impossibles à distinguer dans les réactions chimiques usuelles ; ainsi le chlore naturel ($Z = 17$) est formé pour les trois quarts de chlore 35 (noyau composé de 17 protons et 18 neutrons) et pour un quart de chlore 37 (noyau composé de 17 protons et 20 neutrons), ce qui, en moyenne, donne un nombre de masse de 35,5 (3/4 de 35 plus 1/4 de 37). On sait aujourd'hui que la plupart des éléments sont des mélanges isotopiques : on recense plus de 300 nucléides (espèces nucléaires)[3] pour 90 éléments naturels[4].

---

[3] Francis Aston, l'inventeur du spectrographe de masse, en découvrit 212.

[4] Les éléments 43 et 61, qui n'ont pas d'isotope stable, ne se trouvent pas dans la nature.

On établira plus tard que presque tous les radionucléides naturels sont descendants les uns des autres dans l'une des trois chaînes, celles de l'uranium 238, celle de l'uranium 235 (les deux isotopes principaux de l'uranium) et celle du thorium 232 (seul isotope naturel de cet élément). Comme seule la radioactivité alpha fait varier le nombre de masse (diminution de quatre unités), les valeurs de A des nucléides d'une même chaîne sont soit toutes multiples de 4 (chaîne du thorium 232), soit toutes multiples de 4 plus 2 (chaîne de l'uranium 238), soit toutes multiples de 4 plus 3 (chaîne de l'uranium 235) ; la chaîne des multiples de 4 plus 1 n'existe pas dans la nature.

La découverte de la radioactivité artificielle

Pendant ces « extraordinaires années trente » selon l'expression de leur fille Hélène, Frédéric Joliot et son épouse Irène Joliot-Curie (fille de Marie et Pierre) mènent eux aussi des expérimentations. L'émulation est vive entre les différents laboratoires de physique nucléaire, à Paris, en Angleterre, en Allemagne... Frédéric et Irène Joliot-Curie sont passés très près de la découverte du neutron ; en revanche, c'est à eux que revient le mérite d'avoir mis en évidence la première radioactivité artificielle en 1934, trente-huit ans après la découverte de la radioactivité naturelle. En bombardant l'aluminium naturel (aluminium 27) par des particules alpha (hélium 4), ils obtiennent un phosphore 30 et un neutron s'échappe ; le phosphore 30 décroît par radioactivité en quelques minutes comme le montre la mesure, au cours du temps, du rayonnement qu'il émet.

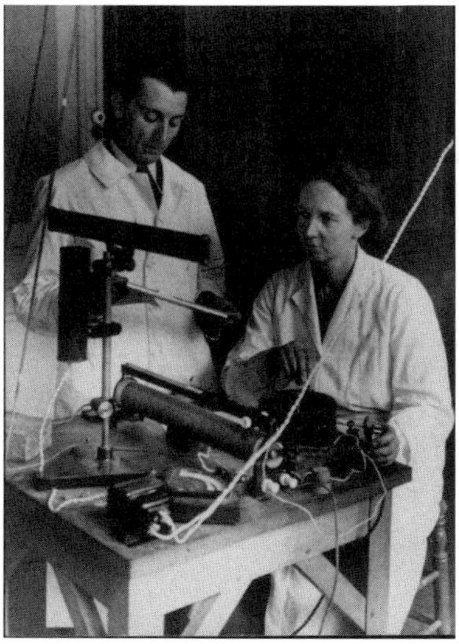

[© ACJC - Fonds Curie et Joliot-Curie.]

Figure 1.18. Irène et Frédéric Joliot-Curie, prix Nobel de chimie en 1935, dans leur laboratoire.

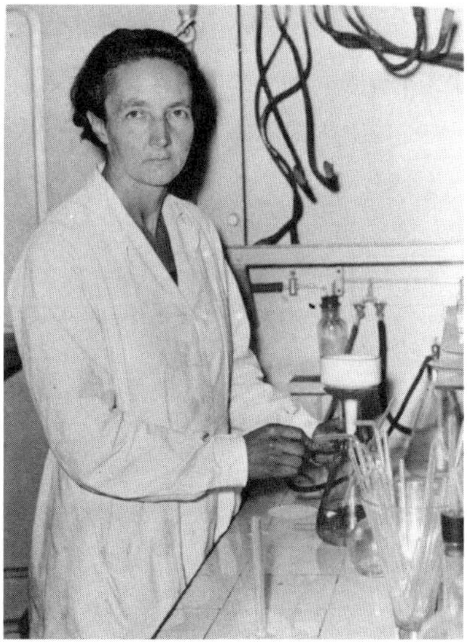

[© ACJC - Fonds Curie et Joliot-Curie.]

Figure 1.19. Irène Joliot-Curie.

Moins souvent souligné, mais tout aussi remarquable, notons que le phosphore 30 est non seulement le premier radionucléide artificiel mais aussi le premier émetteur bêta-plus identifié, c'est-à-dire émetteur non pas d'électrons mais d'anti-électrons (ou positons). L'antimatière avait été prédite en 1931 par Paul Dirac et le positon avait été mis en évidence en 1932 dans le rayonnement cosmique par l'Américain Carl David Anderson (découverte que F. et I. Joliot manquèrent de peu également).

Les réactions par neutrons et l'énigme de l'absorption des neutrons par l'uranium

Il est assez facile de créer un rayonnement de neutrons : il suffit de mélanger un émetteur alpha (par exemple du radium) avec du béryllium : la collision d'une particule alpha avec un noyau de béryllium donne un atome de carbone 12 (carbone usuel) et un neutron ; c'est notamment cette réaction qui fut utilisée par Chadwick, et c'est celle qui est encore aujourd'hui couramment mise en œuvre dans les sources de neutrons servant à faire démarrer les réacteurs.

Les neutrons sont des particules intéressantes pour étudier la physique nucléaire : du fait de leur absence de charge électrique, elles peuvent, en effet, s'approcher facilement des noyaux, contrairement aux particules chargées (par exemple, les particules alpha) qui sont repoussées par la répulsion coulombienne. Pendant ces années trente, les réactions des neutrons sur tous les éléments de la table de Mendeleïev furent explorées.

Émigré aux États-Unis, le physicien italien Enrico Fermi s'intéressait en particulier à l'absorption des neutrons par les noyaux lourds, l'uranium notamment, espérant prolonger ainsi la table des éléments au-delà de 92 grâce à des absorptions neutroniques suivies de décroissances radioactives bêta (la décroissance bêta-moins accroît le nombre Z d'une unité sans changer le nombre A).

[Extrait de : Enrico FERMI, *A Course on Neutron Physics, 1945, notes by I. Halpern*, Note e memorie (collected papers), Volume II - United States 1939-1945, The University of Chicago Press, 1965.]

Figure 1.20. Enrico Fermi, prix Nobel de physique en 1938.

L'expérience, menée en 1934, s'avéra décevante... Visiblement de très nombreuses décroissances radioactives apparaissaient dans les produits de la réaction sans qu'il soit possible d'identifier les éléments 93 ou 94 que l'on recherchait.

L'expérience fut reprise ailleurs, à Paris, à Berlin,... Il fallut attendre près de cinq ans avant que l'énigme soit enfin résolue : l'explication correcte fut trouvée en Allemagne en décembre 1938.

La découverte de la fission

Deux chimistes, Otto Hahn et Fritz Strassmann isolent parmi les produits de la réaction des neutrons sur l'uranium un élément qu'ils identifient à du baryum : cet élément se situe vers le milieu de la table de Mendeleïev et pas du tout au voisinage de l'uranium comme on s'y attendait ; c'était la preuve que le noyau d'uranium s'était brisé en deux morceaux, chacun de masse approximativement moitié de celle de l'uranium. La fission était découverte[5].

Ce sont Lise Meitner et son neveu Otto Frisch qui l'annoncent; ils calculent que la fission doit s'accompagner d'un dégagement considérable d'énergie, ce qui explique le phénomène. Ce dégagement d'énergie sera rapidement confirmé par les mesures, notamment celles de Joliot.

[© Droits réservés.]

Figure 1.21. Otto Hahn, prix Nobel de chimie en 1944.

[© Droits réservés.]

Figure 1.22. Lise Meitner.

Une fission libère environ deux cent millions d'électronvolts[6] ce qui est proprement gigantesque en comparaison des énergies des réactions chimiques usuelles : par exemple, la combustion d'un atome de carbone libère quatre électronvolts. C'est un nouvel exemple de l'ordre de grandeur totalement différent des énergies mises en jeu dans les processus nucléaires (radioactivité, réactions nucléaires) par rapport aux processus chimiques, dans un rapport de l'ordre du million. On comprend les espoirs qu'ont suscités, dès les débuts,

[5] Il est intéressant de noter que l'hypothèse de la fission fut émise dès 1934 par une chimiste allemande, Ida Noddack, dans une publication analysant les expériences de Fermi. Mais, à ce moment-là, l'idée — révolutionaire — ne retint pas l'attention de la communauté scientifique.

[6] 1 eV (électronvolt) $\simeq 1,6.10^{-19}$ joule.

les réactions impliquant les noyaux atomiques. Mais encore fallait-il trouver un moyen de provoquer, en grand nombre, des réactions nucléaires exo-énergétiques (libératrices d'énergie).

En effet, même si un chiffre tel les 200 000 000 d'électronvolts peut impressionner, il reste très petit par rapport aux ordres de grandeurs quotidiens : il faudrait réaliser trente milliards de fissions pour obtenir un joule ! Les méthodes de l'époque pour provoquer des réactions nucléaires, essentiellement basées sur des processus radioactifs, sont très loin d'approcher les taux de réaction qui seraient nécessaires pour aboutir à des productions significatives d'énergie.

La clef du problème va rapidement être pressentie, notamment par Joliot et ses collaborateurs qui vont imaginer le dispositif de production d'énergie... pour un usage pacifique ou une arme terrifiante.

L'idée de la réaction en chaîne de fissions et les brevets de l'équipe Joliot

On se souvient que ce sont les neutrons venant bombarder l'uranium qui provoquent les fissions. (On sait aujourd'hui que d'autres « projectiles » peuvent induire des fissions, mais seuls les neutrons peuvent conduire à des réalisations industrielles concrètes.) Dans les expériences que nous venons d'évoquer, les neutrons proviennent d'une source radioactive (réaction d'une particule alpha sur le béryllium donnant un neutron). Leur flux est beaucoup trop faible pour conduire à une libération appréciable d'énergie. D'où la question : comment créer un flux plus important de neutrons ?

La réponse tient dans une nouvelle découverte de Joliot : reprenant les expériences de Fermi et Hahn, il met en évidence non seulement la libération d'énergie due à la brisure du noyau en deux fragments, mais aussi la libération instantanée de quelques neutrons à l'état libre (voir le schéma). La mesure qu'il effectue donne environ trois neutrons par fission. (On sait aujourd'hui qu'un artefact expérimental a conduit à une valeur un peu optimiste, puisque le nombre moyen de neutrons émis par fission d'uranium est en réalité 2,4 ; mais cela ne change pas le raisonnement et les conclusions de Joliot.)

[© ACJC - Fonds Curie et Joliot-Curie.]

Figure 1.23. F. Joliot, H. Halban et L. Kowarski (de gauche à droite) au Collège de France devant une installation de comptage.

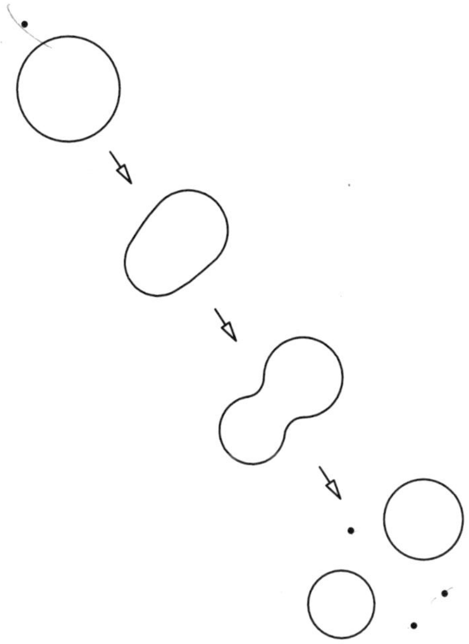

Figure 1.24. Déroulement (schématique) d'une fission : l'énergie de liaison du neutron incident se disperse dans le noyau, le déforme et le fait vibrer ; si l'énergie est suffisante, le processus va jusqu'à la fission ; outre les deux fragments, deux ou trois nouveaux neutrons sont éjectés.

Joliot a vite fait de « boucler la boucle » : parmi les trois neutrons émis par une fission, récupérons-en au moins un pour induire une nouvelle fission, et ainsi de suite : une fois amorcée, la *réaction en chaîne* peut se poursuivre indéfiniment, et un réglage précis du « facteur de multiplication » (nombre de fissions d'une génération rapporté au nombre de fissions de la génération précédente) peut l'amener à n'importe quel niveau de puissance.

Neutrons
⇓
FISSIONS
⇓
Neutrons
⇓
FISSIONS
⇓
Neutrons
⇓
FISSIONS
⇓
Etc.

Figure 1.25. Principe de la réaction en chaîne.

La notion de taille critique est introduite par l'un des membres de l'équipe, Francis Perrin : si le système est trop petit, les neutrons émis par fission s'échappent pour la plupart et trop peu de fissions sont induites pour que la réaction perdure ; au contraire, si le système est trop gros, plus d'un neutron, en moyenne, parmi les trois émis par fission, provoque une nouvelle fission et la réaction s'emballe jusqu'à la destruction du système ; entre les deux se trouve une taille critique où l'équilibre entre les fissions et les réactions parasites, notamment les fuites, permet à la réaction de se maintenir à un niveau restant constant au cours du temps.

Un « dispositif de production d'énergie » est imaginé et des brevets sont déposés secrètement par Joliot et ses collaborateurs, Lew Kowarski, Hans Halban et Francis Perrin, au début de mai 1939. Les principes essentiels des futures « piles atomiques » y sont correctement décrits, quoique le mécanisme de régulation de la puissance soit assez « acrobatique ». (Nous verrons plus loin que les neutrons retardés permettent un pilotage aisé des réacteurs nucléaires ; mais Joliot ne connaissait pas les neutrons retardés.) On trouve aussi dans l'un des brevets le principe de l'arme nucléaire. (Nous verrons que l'uranium naturel ne permet pas de faire une arme contrairement à ce qui est proposé dans ce brevet.)

Quelques semaines après, la guerre éclate. L'équipe est dispersée. Les brevets restent secrets et ne seront redécouverts qu'après la guerre... Entre temps, les travaux menés en Angleterre, au Canada et, surtout, aux États-Unis auront fait avancer considérablement les connaissances et les réalisations.

Si Joliot a pris soin de breveter son idée, il est clair que d'autres physiciens ont vu le potentiel de la fission et même la possibilité d'une réaction en chaîne. En particulier, dès le début de 1939, le physicien américain d'origine hongroise, Leo Szilard, demande, mais en vain, à ses collègues d'arrêter toute publication sur la fission, de crainte que l'Allemagne nazie n'utilise cette connaissance pour mettre au point l'arme terrifiante ; ce ne sera que plusieurs mois plus tard que toute publication cessera sur ce sujet.

RÉPUBLIQUE FRANÇAISE

MINISTÈRE
DE L'INDUSTRIE ET DU COMMERCE

SERVICE
de la PROPRIÉTÉ INDUSTRIELLE

BREVET D'INVENTION

Gr. 5. — Cl. 2. N° 976.541

Dispositif de production d'énergie.

CAISSE NATIONALE DE LA RECHERCHE SCIENTIFIQUE résidant en France (Seine).

Demandé le 1er mai 1939, à 16h 55m, à Paris.
Délivré le 1er novembre 1950. — Publié le 19 mars 1951.

(Brevet d'invention dont la délivrance a été ajournée en exécution de l'article 11, § 7, de la loi du 5 juillet 1844 modifiée par la loi du 7 avril 1902.)

On sait que l'absorption d'un neutron par un noyau d'uranium peut provoquer la rupture de ce dernier avec dégagement d'énergie et émission de nouveaux neutrons en nombre en moyenne supérieur à l'unité. Parmi les neutrons ainsi émis, un certain nombre peuvent à leur tour provoquer — sur des noyaux d'uranium — de nouvelles ruptures, et les ruptures de noyaux d'uranium pourront ainsi aller en croissant suivant une progression géométrique, avec dégagement de quantités extrêmement considérables d'énergie.

On s'est rendu compte, conformément à la présente invention, que si l'on parvenait à provoquer une telle réaction au sein d'une masse limitée d'uranium (ou de composé d'uranium ou d'un mélange contenant de l'uranium), on pourrait extraire de cette masse et utiliser à des fins industrielles l'énergie ainsi développée par les chaînes de ruptures successives.

Mais on se heurte immédiatement à une difficulté primordiale : ces chaînes pouvant se ramifier d'une manière illimitée, la réaction peut devenir explosive, ce qui restreindrait considérablement les possibilités d'utilisation de la masse d'uranium en question comme source maniable d'énergie industrielle.

On a donc cherché à maîtriser le dégagement d'énergie en l'empêchant de devenir explosif, et l'on a eu l'idée à cet effet :

1° Tout d'abord de réduire la vitesse de tout ou partie des neutrons libérés, de telle sorte qu'ils deviennent des neutrons lents, approximativement en équilibre thermique avec le milieu.

Cette réduction de vitesse donne déjà un moyen de stabilisation par le fait que la probabilité qu'a un neutron de quitter le dispositif avant d'être absorbé augmente avec la température. Elle permet d'autre part de réaliser des conditions dans lesquelles l'élévation de température amène rapidement un changement des concentrations ou des répartitions des constituants du dispositif, arrêtant ainsi le développement des chaînes;

2° Ensuite, d'introduire dans le dispositif un ou plusieurs éléments — à l'état de corps simples ou de combinaisons chimiques — susceptibles d'absorber les neutrons ralentis en proportion d'autant plus forte par rapport à l'absorption par l'uranium que la température est plus élevée.

Par le premier de ces moyens ou l'emploi conjugué de ces deux moyens, les chaînes peuvent se développer jusqu'à ce qu'une énergie suffisamment importante soit libérée, et être alors automatiquement interrompues ou limitées, évitant ainsi le développement explosif de la réaction.

On arrive ainsi à libérer de la masse d'uranium considérée, en vue de son utilisation industrielle, et au fur et à mesure des besoins, l'énergie qu'elle est susceptible de fournir par transmutations.

Pour réduire la vitesse de tout ou partie des neutrons émis, on introduit au sein de la masse d'uranium — et suivant une répartition qui n'est pas nécessairement uniforme — des éléments très légers tels que l'hydrogène, le deutérium par exemple, libres ou combinés, ou des éléments légers tels que le glucinium, le carbone, l'oxygène par exemple, libres ou combinés.

Un avantage spécial des ralentisseurs très légers est de diminuer la proportion des neutrons qui sont absorbés par résonance dans l'uranium et qui peuvent être ainsi perdus pour le processus en chaînes.

Ces éléments pourront être introduits sous forme liquide, gazeuse ou solide (poudre par exemple).

Ils peuvent être mélangés plus ou moins intimement avec l'uranium ou le composé d'uranium, et ce mélange peut être obtenu par tous procédés connus.

On peut, par exemple, mélanger avec un composé d'uranium en poudre un composé hydrogéné sous forme solide, liquide ou gazeuse; ce composé

0 - 00968 **Prix du fascicule : 25 francs.**

Figure 1.26. Entêtes des cinq brevets déposés par Joliot et ses collaborateurs.

RÉPUBLIQUE FRANÇAISE

MINISTÈRE
DE L'INDUSTRIE ET DU COMMERCE

SERVICE
de la PROPRIÉTÉ INDUSTRIELLE

BREVET D'INVENTION

Gr. 12. — Cl. 2. N° 976.542

Procédé de stabilisation d'un dispositif producteur d'énergie.

CAISSE NATIONALE DE LA RECHERCHE SCIENTIFIQUE résidant en France (Seine).

Demandé le 2 mai 1939, à 14h 12m, à Paris.
Délivré le 1er novembre 1950. — Publié le 19 mars 1951.

(Brevet d'invention dont la délivrance a été ajournée en exécution de l'article 11, § 7, de la loi du 5 juillet 1844 modifiée par la loi du 7 avril 1902.)

Dans une demande de brevet français déposée le 1er mai 1939 pour « Dispositif de production d'énergie », on a décrit la réalisation d'un tel dispositif, constitué par une masse, de configuration déterminée, d'uranium (ou de composé d'uranium) sur laquelle agit une source externe ou interne de neutrons. Il se produisait une succession de ruptures de noyaux d'uranium suivant des chaînes à ramification illimitées, avec dégagement d'une énergie extrêmement considérable. Et, dans cette demande de brevet, l'on avait indiqué que — pour empêcher un dégagement non maîtrisable d'énergie, la réaction pouvant devenir explosive — il y avait lieu de stabiliser cette réaction par introduction dans la masse d'éléments ralentissants de tout ou partie des neutrons émis et éventuellement d'éléments absorbants, dans certaines conditions, de partie de ces neutrons.

On avait également indiqué, dans cette demande de brevet, qu'il existait certaines conditions opératoires critiques — et notamment une masse critique d'uranium ou de composé d'uranium. Pour chaque facteur déterminant ces conditions existe, les autres facteurs étant fixés, une valeur critique pour laquelle le dispositif passe du régime des chaînes illimitées au régime des chaînes limitées.

On avait enfin indiqué, dans cette demande de brevet, comment pouvaient s'effectuer l'amorçage et l'arrêt de la réaction, ainsi que l'extraction de l'énergie dégagée.

La présente invention a pour objet un nouveau procédé permettant d'obtenir la stabilisation de la réaction par un autre moyen que celui qui consiste en une autostabilisation de la température du dispositif, produite par l'introduction de corps ralentisseurs et éventuellement de corps absorbants.

Ce procédé peut se substituer au mode d'autostabilisation décrit dans la demande de brevet français précitée, en vue de la réalisation d'un dispositif de production d'énergie et en vue des autres applications mentionnées dans cette demande.

Ce procédé de stabilisation — qui a pour but, encore une fois, de limiter la rapidité du dégagement d'énergie — est basé sur le fait, connu en soi, que ces chaînes mettent un certain temps à se développer.

Le procédé qui fait l'objet de la présente invention consiste essentiellement à laisser se développer les réactions en chaînes illimitées pendant le temps nécessaire pour obtenir un dégagement d'énergie suffisant, et à arrêter ce développement en agissant sur l'un ou plusieurs des facteurs dont la ou les valeurs primitives donnaient le caractère illimité aux chaînes. On rétablit les conditions du développement des chaînes illimitées que l'on interrompt de nouveau comme précédemment. La répétition de ces opérations, périodiquement ou non, permet d'obtenir un dégagement d'énergie régulier, considérable, et maîtrisable.

Ces interruptions momentanées et répétées des chaînes ramifiées s'effectuent en faisant passer alternativement les ou certaines des conditions opératoires en deçà et au delà des valeurs critiques de ces mêmes conditions, et peuvent être réalisées de différentes manières.

On peut, par exemple, constituer la masse d'uranium (ou de composé d'uranium) de plusieurs éléments distincts que l'on rapproche et que l'on écarte les uns des autres momentanément et périodiquement de manière à réaliser pendant des durées limitées et déterminées les conditions du développement illimité des chaînes.

On peut par exemple constituer la masse uranifère par une partie fixe et par une partie mobile que l'on écartera et rapprochera périodiquement de la partie fixe grâce à tous moyens mécaniques appropriés.

On pourrait, de même, écarter et rapprocher périodiquement de la masse uranifère des éléments d'enveloppe diffusante externe, en fer par exemple, de manière encore à passer alternativement en deçà et au delà des conditions critiques.

0 - 00968 **Prix du fascicule : 25 francs.**

Figure 1.26. Suite.

RÉPUBLIQUE FRANÇAISE

MINISTÈRE
DE L'INDUSTRIE ET DU COMMERCE

SERVICE
de la PROPRIÉTÉ INDUSTRIELLE

BREVET D'INVENTION

Gr. 14. — Cl. 3. N° 971.324

Perfectionnements aux charges explosives.

CAISSE NATIONALE DE LA RECHERCHE SCIENTIFIQUE résidant en France (Seine).

Demandé le 4 mai 1939, à 15h 35m, à Paris.
Délivré le 12 juillet 1950. — Publié le 16 janvier 1951.

(Brevet d'invention dont la délivrance a été ajournée en exécution de l'article 11, § 7, de la loi du 5 juillet 1844 modifiée par la loi du 7 avril 1902.)

On sait que l'absorption d'un neutron par un noyau d'uranium peut provoquer la rupture de ce dernier avec dégagement d'énergie et émission de nouveaux neutrons en nombre en moyenne supérieur à l'unité. Parmi les neutrons ainsi émis, un certain nombre peuvent à leur tour provoquer sur des noyaux d'uranium, de nouvelles ruptures, et les ruptures de noyaux d'uranium pourront ainsi aller en croissant suivant une progression géométrique, avec dégagement de quantités extrêmement considérables d'énergie. Ces chaînes de ruptures successives peuvent se ramifier d'une manière illimitée, et la réaction peut devenir explosive.

On a cherché, conformément à la présente invention, à rendre pratiquement utilisable cette réaction explosive, non seulement pour des travaux de mine et pour des travaus publics, mais encore pour la constitution d'engins de guerre, et d'une manière très générale dans tous les cas où une force explosive est nécessaire.

Or, pour rendre cette utilisation pratique, il faut se reporter à la notion de masse ou en général de conditions critiques dont il a déjà été fait mention dans la demande de brevet français du 1er mai 1939 pour « Dispositif de production d'énergie ».

Il existe en effet, toutes choses égales d'ailleurs, une valeur critique de la masse d'uranium au-dessous de laquelle la ramification des chaînes cesse d'être illimitée. Et l'on a déjà indiqué dans cette demande de brevet que l'on pouvait, avec les données actuelles de la science, estimer, par des expériences progressives, la valeur de la masse critique.

On peut aussi évaluer cette masse critique M pour un composé ou un mélange homogène d'uranium (ne contenant pas d'hydrogène) en utilisant la formule suivante, valable pour une masse sphérique :

$$M = \frac{4}{3} \times \pi^4 \left[3\,D\,(n\,P - A) \right]^{-\frac{3}{2}}$$

dans laquelle :

D est la somme, pour tous les corps simples présents dans la masse, des produits de la concentration (en nombre d'atomes par cm^3) par la section efficace des noyaux pour la diffusion des neutrons rapides,

A est la somme analogue, dans laquelle les sections efficaces de diffusion sont remplacées par les sections efficaces d'absorption,

P est le produit de la concentration de l'uranium (en nombre d'atomes par cm^3) par la section efficace, pour le phénomène de partition, du noyau d'uranium vis-à-vis des neutrons rapides,

n. est le nombre moyen de neutrons émis lors d'une partition nucléaire de l'uranium.

Cette formule donne, à titre d'exemple, une masse critique de quelques dizaines de tonnes pour de l'oxyde d'uranium en poudre; et de quelques tonnes pour de l'uranium métallique.

On a montré également, dans la demande de brevet français précitée, comment cette masse critique pouvait être diminuée : soit en disposant autour de la masse des corps diffusants, (fer, plomb ou autres) en couche plus ou moins épaisse, et formant par exemple une enveloppe complète ou partielle autour de la masse (une enveloppe en fer de quelques dizaines de centimètres d'épaisseur réduisant par exemple la masse critique au tiers environ de sa valeur dans le cas de l'oxyde d'uranium en poudre); soit en accroissant la densité de la substance qui constitue la masse (la masse critique étant proportionnelle à l'inverse du carré de la densité).

0 - 00864 **Prix du fascicule : 25 francs.**

Figure 1.26. Suite.

RÉPUBLIQUE FRANÇAISE

MINISTÈRE
DE L'INDUSTRIE ET DU COMMERCE

SERVICE
de la PROPRIÉTÉ INDUSTRIELLE

BREVET D'INVENTION

Gr. 12. — Cl. 2. N° 971.384

Perfectionnement aux dispositifs producteurs d'énergie.

MM. Hans Heinrich von HALBAN, Jean-Frédéric JOLIOT et Lew KOWARSKI résidant en France (Seine).

Demandé le 30 avril 1940, à 11h 6m, à Paris.
Délivré le 12 juillet 1950. — Publié le 16 janvier 1951.
(Brevet d'invention dont la délivrance a été ajournée en exécution de l'article 11, § 7, de la loi du 5 juillet 1844 modifiée par la loi du 7 avril 1902.)

On sait que l'irradiation de l'uranium par des neutrons provoque une rupture nucléaire de l'uranium, avec dégagement de quantités considérables d'énergie. Cette rupture donne lieu à l'émission de neutrons secondaires, parmi lesquels un certain nombre peuvent provoquer à leur tour de nouvelles ruptures, et une réaction à chaîne explosive peut ainsi prendre naissance et se propager au sein de la masse uranifère.

Divers moyens ont été proposés pour permettre l'extraction et l'utilisation à des fins industrielles de l'énergie développée par ces chaînes de rupture successives, et notamment, l'on a déjà eu l'idée de réduire la vitesse de tout ou partie des neutrons secondaires (de manière qu'ils deviennent les neutrons lents approximativement en équilibre thermique avec le milieu) en introduisant au sein de la masse uranifère un ou des éléments de ralentissement (hydrogène, eau, etc.)

Or on s'est rendu compte, conformément à la présente invention, que le développement des chaînes de ruptures et par suite le dégagement d'énergie qui en résulte se trouvaient favorisés si l'on opérait avec une masse d'uranium comportant une proportion d'isotope 235 plus élevée que n'en contient l'uranium naturel.

On sait que (si l'on fait abstraction de l'isotope 234 extrêmement rare) l'uranium naturel est un mélange de deux isotopes : l'isotope 238 et l'isotope 235 (dans la proportion d'environ 99,3% d'isotope 238 pour 0,7% d'isotope 235).

En réalisant, par diffusion thermique ou par tout autre procédé connu, un enrichissement de l'uranium en isotope 235 dans la proportion de 1, 2 à 1, on réalise déjà des conditions plus favorables au développement des chaînes de ruptures.

Et un enrichissement plus élevé en isotope 235 (par exemple dans la proportion de 5 à 1 ou de 10 à 1) donnera des résutlats encore plus favorables.

Au cours de la marche du dispositif et au fur et à mesure que se développent les chaînes de réactions, l'isotope 235 est consommé, sa proportion tombe, ce qui amènerait les conditions à redevenir moins favorables. Mais en même temps la masse uranifère s'enrichit en isotope 239 (qui se forme à partir de l'isotope 238) et cet isotope 239 peut vraisemblablement remplir un rôle analogue à l'isotope 235 et compenser par suite, du moins en partie, l'appauvrissement graduel de la masse en isotope 235.

Dans la présente invention, l'uranium peut être sous forme d'uranium métallique, de composé d'uranium ou de mélange contenant de l'uranium.

Les dispositions de la présente invention peuvent être combinées avec celles faisant l'objet de la demande de brevet français du 1er mai 1939 pour « Dispositif de production d'énergie » et/ou de la demande de brevet français du 2 mai 1939 pour « Procédé de stabilisation d'un dispositif producteur d'énergie ».

RÉSUMÉ.

Perfectionnement aux dispositifs de production d'énergie utilisant les réactions nucléaires de milieux uranifères; ce perfectionnement consistant à enrichir la masse d'uranium en isotope 235; cet enrichissement pouvant être dans la proportion de 1, 2 à 1 et plus, et pouvant s'effectuer par diffusion thermique ou par tout autre moyen.

Hans Heinrich von HALBAN,
Jean-Frédéric JOLIOT et Lew KOWARSKI.

Par procuration :
Harlé, Bruneton, Léchopiez.

0 - 00865

Prix du fascicule : 25 francs.

Pour la vente des fascicules, s'adresser à l'Imprimerie Nationale, 27, rue de la Convention, Paris (15e)

Figure 1.26. Suite.

RÉPUBLIQUE FRANÇAISE

MINISTÈRE
DE L'INDUSTRIE ET DU COMMERCE

SERVICE
de la PROPRIÉTÉ INDUSTRIELLE

BREVET D'INVENTION

Gr. 12. — Cl. 2. N° 971.386

Perfectionnements apportés aux dispositifs de production d'énergie.

MM. Hans Heinrich von HALBAN, Jean-Frédéric JOLIOT et Lew KOWARSKI résidant en France (Seine).

Demandé le 1er mai 1940, à 11h 30m, à Paris.
Délivré le 12 juillet 1950. — Publié le 16 janvier 1951.
(Brevet d'invention dont la délivrance a été ajournée en exécution de l'article 11, § 7, de la loi du 5 juillet 1844 modifiée par la loi du 7 avril 1902.)

On sait que l'irradiation de l'uranium par des neutrons provoque une rupture nucléaire de l'uranium, avec dégagement de quantités considérables d'énergie. Cette rupture donne lieu à l'émission de neutrons secondaires, parmi lesquels un certain nombre peuvent provoquer à leur tour de nouvelles ruptures, et une réaction à chaîne explosive peut ainsi prendre naissance et se propager au sein de la masse uranifère.

Divers moyens ont été proposés pour permettre l'extraction et l'utilisation à des fins industrielles de l'énergie développée par ces chaînes de rupture successives, et notamment, l'on a déjà eu l'idée de réduire la vitesse de tout ou partie des neutrons secondaires (de manière qu'ils deviennent des neutrons lents approximativement en équilibre thermique avec le milieu) en introduisant au sein de la masse uranifère un ou des éléments de ralentissement (hydrogène, eau, etc.).

Or on s'est rendu compte, conformément à la présente invention, que le développement des chaînes de ruptures et par suite le dégagement d'énergie qui en résulte se trouvaient favorisées si l'on agençait et si l'on disposait de manière appropriée au sein de la masse uranifère le ou les éléments de ralentissement.

Le ou les éléments de ralentissement sont généralement distribués à travers le milieu uranifère sous forme de masses compactes, homogènes ou non, exemptes d'uranium. Ces masses, qui peuvent être constituées soit par des corps solides (avec ou sans enveloppes) soit par des liquides ou par des gaz renfermés dans une enveloppe, peuvent avoir une forme ramassée, cubique, sphérique, polyédrique ou autre, dont aucune des dimensions ne soit notablement développée par rapport aux autres. Elles peuvent avoir au contraire une forme allongée (tige, ellipsoïde très asymétrique, ou autre), ou aplatie (plaque, couche sphérique ou autre).

Or on s'est rendu compte, conformément à la présente invention, que la dimension d'une telle masse d'élément de ralentissement devait être au moins égale au (ou voisine de) chemin moyen qu'un neutron d'énergie dite du domaine de résonance parcourt entre deux chocs ralentissants et au plus égale à (ou voisine de) l'épaisseur nécessaire pour réduire dans la proportion 1 à 2,7 l'intensité d'un flux de neutrons thermiques traversant la substance ralentissante.

Par « dimension de la masse d'élément de ralentissement » il faut entendre :

La moitié de l'arête du cube si la masse est de forme cubique;

La moitié de l'arête du cube équivalent si la masse est de forme ramassée (sphérique polyédrique ou autre);

La moitié du côté du carré équivalent à la section droite de la masse si celle-ci est de forme allongée;

La motié de l'épaisseur de la masse si celle-ci est de forme aplatie.

Les résultats cherchés seront d'autant plus favorables que la dimension de la masse sera plus éloignée à la fois de la limite inférieure et de la limite supérieure définies ci-dessus. Et il y aura donc intérêt à choisir les éléments chimiques de ralentissement pour lesquels ces deux longueurs caractéristiques de leur interaction avec les neutrons soient aussi différentes que possible. C'est ainsi que, par exemple, l'hydrogène gazeux est plus favorable comme élément de ralentissement que l'hydrogène combiné sous forme d'eau ou de paraffine par exemple.

A titre d'exemples non limitatifs, les dimensions de masses ralentissantes devront être comprises entre :

1° 0,75 cm et 2 centimètres, si l'élément de

0 - 00865

Prix du fascicule : 25 francs.

Figure 1.26. Suite.

Figure 1.27. Glenn T. Seaborg, dans son laboratoire en 1941 (prix Nobel de chimie en 1951).

Figure 1.28. Enrico Fermi.

La découverte du plutonium

On se souvient que Fermi cherchait le neptunium (élément 93) et le plutonium (élément 94). Ceux-ci sont effectivement produits lorsqu'on bombarde l'uranium par des neutrons... mais on ne le découvrit que plus tard.

En fait les premiers atomes de plutonium produits et mis en évidence le furent par Glenn Seaborg par bombardement de l'uranium par des deutons accélérés grâce au cyclotron de Berkeley, en décembre 1940. C'est l'isotope 238 que Seaborg produisit ainsi[7], alors que dans les réacteurs c'est surtout l'isotope 239 que l'on obtient.

L'ébauche de la neutronique

Pour conclure ce chapitre, résumons en quelques mots l'état des connaissances théoriques sur la possibilité d'une réaction en chaîne de fissions induites par neutrons, en ce tout début des années 1940, juste avant l'expérience cruciale de Fermi du 2 décembre 1942. On peut se faire une idée de cet état, en France, à la lecture des brevets de Joliot et, aux États-Unis, à celle des écrits de Fermi rédigés à cette époque.

• *Les moyens de calcul*

Il convient de rappeler au lecteur du XXIe siècle qu'à l'époque de ces pionniers de l'énergie nucléaire seules des modélisations élémentaires des phénomènes et des résolutions

[7] La réaction se fait en deux temps : un deuton bombardant l'uranium 238 donne deux neutrons et un neptunium 238 ; ce dernier se transforme par décroissance radioactive en plutonium 238, avec une période de 2,1 jours ; le plutonium 238 est mis en évidence par sa radioactivité alpha (période de 86 ans).

analytiques des équations, réalisables avec un crayon et une feuille de papier, étaient possibles. Pour les applications numériques usuelles, l'ingénieur utilisait, avec une grande dextérité, sa règle à calcul ; lorsqu'il avait besoin d'une meilleure précision ou qu'il fallait bâtir des tables ou des abaques, il faisait appel au personnel spécialisé d'un « bureau de calcul ».

Pour l'ingénieur d'aujourd'hui qui fait largement appel, notamment en physique des réacteurs, aux stations de travail et autres ordinateurs, c'est toujours un sujet d'étonnement que de constater avec quelle remarquable précision les tailles critiques de CP1 ou de Zoé (voir plus loin) ont été prédites.

Essayons de décrire ce que pouvait connaître un physicien tel Fermi au début des années 1940.

• *L'énergie des neutrons et la modération*

L'énergie cinétique des neutrons émis par fission avait été mesurée : elle tourne autour de deux millions d'électronvolts ce qui donne aux neutrons une vitesse de l'ordre de 20 000 km/s, soit 7 % de la vitesse de la lumière : on parle à juste titre de neutrons rapides !

On savait qu'on pouvait ralentir les neutrons par diffusions successives sur des noyaux d'atomes, analogues aux chocs d'une boule de billard en percutant d'autres sur la table. Les matériaux utilisables pour cela, appelés « modérateurs » étaient connus : ce sont le graphite (carbone), le béryllium et l'eau lourde[8]. Cette dernière, découverte par Harold Urey en 1931, est obtenue en ne conservant dans les molécules d'eau $\mathbf{H_2O}$ que l'isotope rare et lourd de l'hydrogène, le deutérium (noyau formé d'un proton et d'un neutron) après séparation isotopique de l'hydrogène naturel (l'hydrogène usuel a un noyau formé d'un seul proton). L'eau lourde est le meilleur modérateur qui existe. Seul Joliot en possédait un stock, acquis auprès des Norvégiens, seuls capables d'en produire à l'époque (c'est un sous-produit des usines de fabrication de l'ammoniac). Fermi dut se résoudre à envisager le graphite, que les industriels savaient produire à un coût raisonnable malgré la grande pureté exigée, notamment vis-à-vis du bore qui est un fort absorbant neutronique.

Ralentis par un modérateur, les neutrons finissent par atteindre approximativement l'équilibre thermique avec la matière dans laquelle ils diffusent : pour une température usuelle, cela correspond à une énergie cinétique d'un quarantième d'électronvolt seulement, soit 2,2 km/s. La vitesse des « neutrons thermiques » (ou neutrons lents) reste appréciable à notre échelle de la vie quotidienne, mais est beaucoup plus faible que leur vitesse lors de l'émission par fission : dans les réacteurs, le spectre en énergie ou en vitesse, des neutrons est très étendu !

• *Les interactions entre les neutrons et la matière*

À la suite des travaux de Louis de Broglie (prix Nobel, 1929) on sait que toute particule a non seulement un aspect corpusculaire, mais aussi un aspect ondulatoire. Cela est vrai en particulier pour le neutron : la longueur d'onde du neutron thermique est beaucoup plus grande que celle du neutron rapide ; en termes imagés, on peut dire que le neutron

[8] L'eau ordinaire peut aussi — et même mieux — modérer les neutrons ; mais les expériences de l'époque avaient déjà montré que l'hydrogène naturel est trop capturant pour qu'un système eau-uranium naturel soit critique.

[© Fondation Louis de Broglie.]

Figure 1.29. Louis de Broglie, prix Nobel de physique en 1929.

thermique explore un environnement plus vaste que le neutron rapide, ce qui va faciliter les interactions avec la matière.

Remarquons que les neutrons, n'interagissent qu'avec les noyaux des atomes, car les interactions neutrons-électrons sont totalement négligeables : ils ne « voient » presque que du vide quand ils traversent la matière, puisque les noyaux sont très petits en comparaison des atomes (si l'atome avait la taille d'un terrain de football, le noyau aurait la taille d'une cerise !). Le cheminement des neutrons dans la matière est donc relativement long, à l'échelle du centimètre ou du décimètre, et non pas à l'échelle des noyaux ni des atomes. Ces interactions sont de deux types : diffusion et absorption. Lors d'une diffusion, le neutron rebondit, en quelque sorte, contre la surface du noyau, comme la boule de billard qui en percute une autre (c'est le mécanisme qui permet de ralentir les neutrons) ; lors d'une absorption, le neutron pénètre dans le noyau, se mêle aux autres nucléons et conduit à un état perturbé dit « excité ». Le plus souvent, l'énergie d'excitation est simplement éjectée sous la forme de photons (rayons gamma) et le neutron incident reste dans le noyau qui se retrouve ainsi avec un neutron de plus ; parfois une autre particule est éjectée (proton, particule alpha...) ; quelquefois, pour les noyaux très gros comme ceux de l'uranium, une fission, c'est-à-dire une brisure complète en deux morceaux, se produit, accompagnée, comme nous l'avons dit, de l'« évaporation » de quelques neutrons.

• *L'allure et les ordres de grandeur des sections efficaces des noyaux lourds*

L'interaction des neutrons avec la matière doit être quantifiée : c'est la section efficace qui caractérise la probabilité qu'un neutron incident interagisse avec un noyau donné. Une section efficace se mesure en barns (1 barn = 10^{-24} cm^2).

Grâce à des considérations théoriques de physique quantique, introduites notamment par Bohr, confirmées par des mesures on savait que :

1/ les sections efficaces sont d'autant plus grandes, donc les interactions neutron-matière d'autant plus aisées, que les neutrons sont lents : selon la loi de De Broglie, la longueur d'onde des particules est inversement proportionnelle à leur vitesse; il en résulte que les sections efficaces d'absorption sont, elles aussi, à peu près inversement proportionnelles à la vitesse des neutrons;

2/ les noyaux lourds impairs en neutrons peuvent être fissionnés par les neutrons lents et sont même caractérisés par une très grande section efficace (plusieurs centaines de barns pour les neutrons thermiques). Parmi les nucléides lourds naturels, seul l'uranium 235 (92 protons et 143 neutrons) jouit de cette propriété : c'est cet isotope qui subit la fission lors du bombardement de l'uranium par les neutrons thermiques. On anticipait que d'autres noyaux artificiels (uranium 233, plutonium 239, etc.) du même type jouiraient de la même propriété, ce que l'expérience a effectivement confirmé le jour où l'on a su les fabriquer;

3/ dans l'uranium naturel qui ne contient pourtant que 0,7 % d'uranium 235, la fission se produit fréquemment par irradiation avec des neutrons lents car l'autre isotope, l'uranium 238, n'a qu'une section efficace de quelques barns pour la capture sans fission. Cela permet d'envisager la réaction en chaîne de fissions en utilisant l'uranium naturel et un bon modérateur, disposés selon un agencement adéquat;

4/ les noyaux lourds pairs en neutrons, tel l'uranium 238 (92 protons et 146 neutrons) ne peuvent être fissionnés que par des neutrons très énergétiques, et encore difficilement car leurs sections efficaces sont faibles (inférieures au barn). On sait aussi que ces noyaux présentent des sections efficaces gigantesques pour la capture (sans fission) des neutrons dans d'étroits domaines d'énergie situés vers quelques électronvolts, c'est-à-dire dans la plage intermédiaire entre le domaine des neutrons de fission et le domaine des neutrons thermiques : ce sont les « résonances »; les neutrons en train de se ralentir risquent de disparaître dans ces résonances, mais cela est difficile à quantifier car ces résonances sont alors très mal connues.

• *La migration des neutrons*

Le ralentissement des neutrons, se produisant selon un mécanisme analogue au choc entre boules de billard, est facile à modéliser. Ce qui est plus délicat, c'est de traiter la migration dans l'espace.

Certes, on connaît l'équation qui régit cela : c'est l'équation qu'a écrite Boltzmann dès 1879 pour traiter les gaz et qui s'applique aussi aux neutrons qui se comportent comme des molécules de gaz. Mais, d'une part, on connaît mal les paramètres (sections efficaces) à injecter dans cette équation dans le cas des neutrons et, d'autre part, l'équation est beaucoup trop complexe pour pouvoir être résolue avec les moyens de calcul de l'époque. On se contentera donc d'une approximation simple, dite « de la diffusion », qui se prête assez bien à des calculs analytiques.

Les neutrons sont dispersés sur une grande plage de vitesses. Dans cette équation on raisonne en pratique en admettant que tous les neutrons ont la vitesse moyenne. Cette hypothèse suppose que l'on sache faire des moyennes des sections efficaces sur toute cette plage de vitesses.

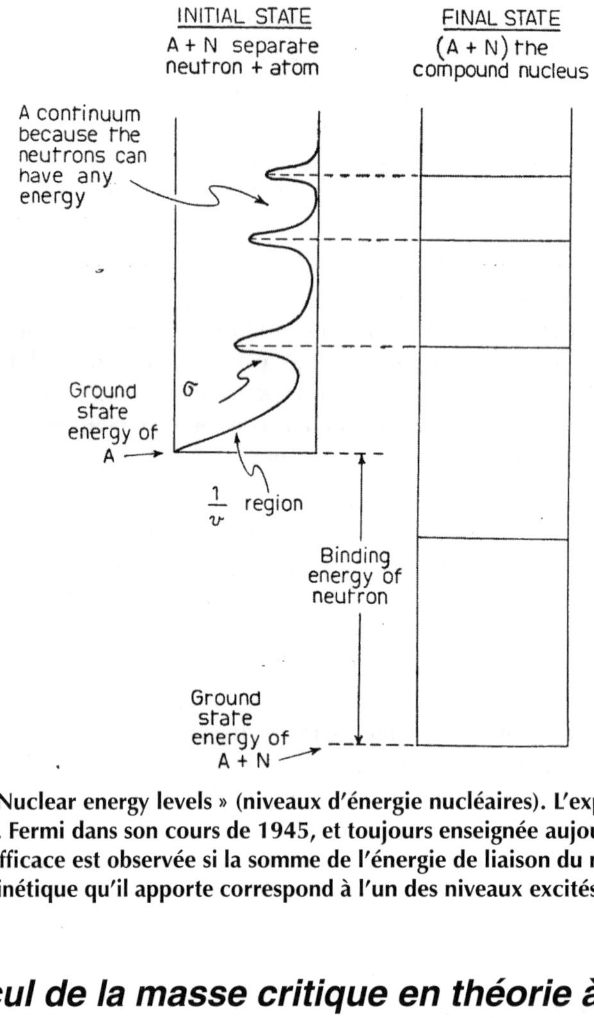

[Extrait de : Enrico FERMI, *A Course on Neutron Physics, 1945, notes by I. Halpern*, Note e memorie (collected papers), Volume II - United States 1939-1945, The University of Chicago Press, 1965.]

Figure 1.30. « Nuclear energy levels » (niveaux d'énergie nucléaires). L'explication des résonances donnée par E. Fermi dans son cours de 1945, et toujours enseignée aujourd'hui : une résonance de section efficace est observée si la somme de l'énergie de liaison du neutron incident et de l'énergie cinétique qu'il apporte correspond à l'un des niveaux excités du noyau composé.

• *Le calcul de la masse critique en théorie à un groupe*

Ce modèle peut être appliqué au calcul de la masse critique. C'est ce qu'a fait Francis Perrin. La formule qu'il a obtenue pour une géométrie sphérique, la plus favorable, figure dans l'un des brevets. L'établissement de cette formule est aujourd'hui le b.a.-ba des cours de neutronique ! En utilisant les notations modernes, elle s'écrit :

$$\frac{k_\infty}{1 + M^2 B^2} = 1 \quad \text{avec} \quad B = \frac{\pi}{R},$$

où R est le rayon de la sphère et où k_∞ et M^2 s'expriment uniquement en fonction des concentrations et sections efficaces des deux matériaux, l'uranium et le modérateur. L'expression au premier membre est le facteur de multiplication, c'est-à-dire le rapport entre le nombre de neutrons à une génération au nombre de neutrons à la génération précédente, qui doit valoir 1 exactement pour que le système soit critique. Le facteur k_∞ est le facteur de multiplication du système supposé infiniment grand ; les fuites de neutrons hors du système, en pratique de dimensions finies, sont prises en compte par le terme $1 + M^2 B^2$.

• L'amélioration du calcul du facteur de multiplication infini : la formule des quatre facteurs

Une grande amélioration fut apportée par Fermi grâce à la formule des quatre facteurs pour exprimer le facteur de multiplication k_∞ du mélange des deux matériaux. Cette formule :

$$k_\infty = \varepsilon p f \eta,$$

est aussi restée dans le b.a.-ba des cours de neutronique.

Le premier facteur, ε, dit « facteur de fission rapide », prend en compte le petit gain (quelques pour cent) dû aux rares fissions de l'uranium 238 : Fermi l'avait évalué grâce à des mesures.

Le deuxième facteur, p, est la probabilité que le neutron se ralentissant échappe aux trappes que constituent les résonances de l'uranium 238 et est appelé « facteur anti-trappe ». C'est le facteur le plus difficile à évaluer.

Le troisième facteur, f, dit « facteur d'utilisation thermique », est la probabilité que le neutron ayant échappé aux trappes et thermalisé soit absorbé « utilement », c'est-à-dire dans le combustible (l'uranium) et non dans le modérateur.

Le dernier facteur, η, dit « facteur de reproduction », est le nombre de neutrons régénérés en moyenne (par l'éventuelle fission) lorsqu'un neutron est absorbé dans le combustible.

Dans la mesure où l'on admet que toutes les sections efficaces suivent à basse énergie la « loi en 1/v », seule une valeur doit être mesurée pour chaque réaction (en pratique, la moyenne relative aux neutrons thermiques) et l'évaluation des facteurs f et η est assez simple.

Faute d'une connaissance précise des résonances, il s'avérait, en revanche, impossible de calculer a priori le facteur p. Mais Fermi avait élaboré la théorie de l'absorption résonnante (dans ses grandes lignes, c'est toujours la théorie utilisée aujourd'hui et seul le traitement d'effets relativement fins a été amélioré par la suite). Cette théorie montrait que p s'exprimait simplement[9] en fonction d'une grandeur qu'il appela « intégrale effective » I_{eff} (c'est l'intégrale sur tout le domaine du ralentissement de la section efficace « effective » de capture de l'uranium 238) et que cette intégrale s'exprimait en fonction du seul paramètre S_u/M_u caractérisant les barreaux de combustible, S_u étant leur surface et M_u leur masse. Ainsi, en effectuant quelques mesures sur des configurations bien choisies, Fermi a-t-il pu évaluer la fonction I_{eff} de S_u/M_u. (Tracée en fonction de la racine carrée de S_u/M_u, cette fonction I_{eff} est pratiquement linéaire dans le domaine utile.)

[9] La formule est :

$$p = \exp\left(-\frac{V_u N_u I_{eff}}{V_m N_m \xi_m \sigma_{sm}}\right),$$

où les indices u et m sont relatifs à l'uranium et au modérateur, les V sont les volumes et les N les nombres d'atomes par unité de volume, ξ_m caractérise l'efficacité des atomes de modérateur pour ralentir les neutrons et se calcule facilement en fonction du nombre de masse A, et σ_{sm} est la section efficace de diffusion de ces atomes.

• L'amélioration du traitement de la migration des neutrons : la théorie âge + diffusion

Fermi s'est aussi préoccupé du traitement de la migration des neutrons pendant leur ralentissement, étape dans laquelle il y a un fort couplage espace-énergie et a construit une théorie simple mais précise connue depuis sous la dénomination de « théorie de l'âge ». Concrètement, cette théorie complétée par la théorie de la diffusion pour le traitement des neutrons thermiques ne change pas beaucoup le terme $1/(1 + M^2 B^2)$ prenant en compte les fuites dans la formule élémentaire que nous avons rappelée ci-dessus, mais elle permet une meilleure évaluation de l'« aire de migration » M^2. (Physiquement, cette grandeur est à un facteur 6 près, le carré moyen de la distance parcourue à vol d'oiseau par les neutrons pendant leur migration et caractérise donc la taille de la zone d'espace explorée, en moyenne, par les neutrons.)

• Conclusion

Ainsi, grâce à l'élaboration d'une théorie de la neutronique, remarquable pour l'époque, Fermi a-t-il pu pallier l'absence de connaissances de données nucléaires, notamment pour les résonances de sections efficaces, et évaluer avec une bonne précision les quatre facteurs, notamment le facteur *p*, et finalement la taille critique de l'expérience qu'il projetait pour mettre en évidence la réaction en chaîne de fission auto-entretenue.

Cette expérience, CP1, que nous allons maintenant présenter, fut la première réalisation par l'homme d'une telle réaction en chaîne.

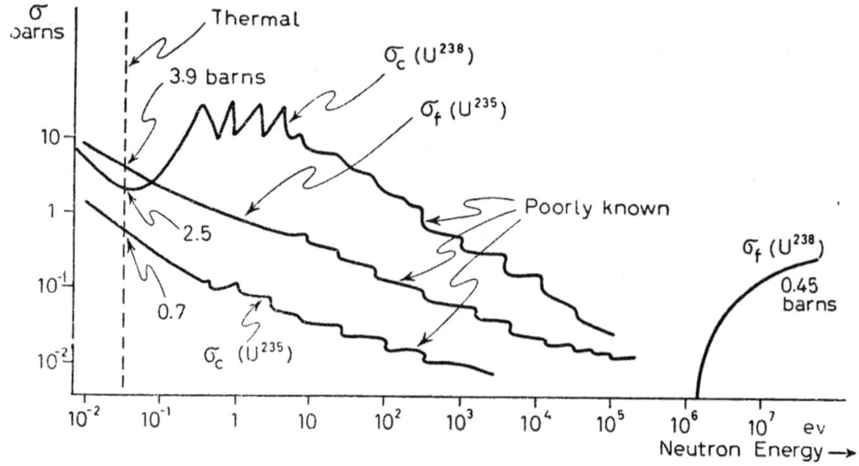

[Extrait de : Enrico FERMI, *A Course on Neutron Physics, 1945, notes by I. Halpern*, Note e memorie (collected papers), Volume II - United States 1939-1945, The University of Chicago Press, 1965.]

Figure 1.31. Sections efficaces des isotopes de l'uranium. Cette figure du cours de Fermi de 1945 donne une idée de la connaissance très sommaire des données nucléaires à son époque : les sections efficaces du domaine thermique sont assez bien connues — elles suivent la « loi en 1/v » —, mais dans le domaine des résonances elles sont « poorly known » (soupçonnées mais pas connues dans le détail).

2 La genèse de l'énergie nucléaire

L'équipe française est disloquée

1939, Paris, Collège de France. Joliot avait compris que deux voies s'ouvraient : pour une réaction en chaîne destinée à une libération contrôlée d'énergie pour un usage pacifique, l'utilisation d'un bon modérateur permettrait de s'accommoder d'uranium naturel qui pourtant ne contient que 0,7 % d'isotope 235 fissile, et grâce à l'eau lourde et à l'uranium dont il disposait, il s'apprêtait à le démontrer expérimentalement; mais la fabrication d'une arme posait un problème d'une toute autre ampleur, puisqu'une explosion efficace[1] passe par l'utilisation des neutrons rapides et donc d'une matière fissile très riche, ce qui suppose la séparation isotopique de l'uranium pour en extraire l'isotope 235, une opération techniquement très difficile, ne pouvant être envisagée que dans un deuxième temps.

Le cours des événements ne permit pas à Joliot de poursuivre ce programme de recherche.

Quelques semaines après le dépôt des brevets, l'Allemagne envahit la Pologne (1er septembre 1939), et la France et la Grande-Bretagne déclarent la guerre à l'Allemagne (3 septembre). En juin 1940, les troupes allemandes sont à Paris. L'équipe du Collège de France doit renoncer à l'« expérience décisive » et se disperse. Si Joliot lui-même reste à Paris, la plupart de ses collaborateurs fuiront en Angleterre[2] et outre-Atlantique. Il est possible que sans ces événements dramatiques, la première réaction en chaîne aurait été réalisée à Paris.

La pile CP1 de Fermi

Il faudra attendre encore deux années pour que Fermi réalise cette démonstration en utilisant du graphite et de l'uranium naturel. Nous avons vu, en effet, que seule l'équipe

[1] On a pensé un moment que l'uranium naturel permettrait de faire une arme (voir par exemple, le troisième brevet de Joliot *et al.*). Il a été rapidement démontré que cela était impossible. En effet : a) en neutrons rapides, l'uranium 238 se fissionne rarement et l'uranium 235 n'est pas assez efficace, s'il est en faible teneur, pour le compenser; b) en neutrons thermiques, la divergence est possible avec un bon modérateur, mais est beaucoup trop lente pour conduire à une explosion significative.

[2] Le 18 juin 1940, le jour de l'appel du Général de Gaulle, Halban et Kowarski, en service commandé, emportent avec eux en Angleterre le précieux stock d'eau lourde — 185 kilogrammes — récupéré auprès de la société norvégienne Norsk Hydro par la mission Allier (l'histoire de cette mission deviendra célèbre grâce au film « La bataille de l'eau lourde », tourné après la guerre, où les physiciens jouent leurs propres rôles).

Figure 2.1. Affiche du film « La bataille de l'eau lourde », de Jean Dreville et Titus Viebe-Müller (1947).

française disposait alors d'eau lourde ; les États-Unis n'en produisirent que plusieurs années plus tard.

Fermi et ses collaborateurs travaillent dans un court de squash placé sous les gradins du stade de football de Chicago. En quelques mois, ils approvisionnent des quantités impressionnantes de graphite et d'uranium. En 1942, ils entreprennent l'empilement de ces matériaux suivant une disposition soigneusement optimisée et, pendant les étapes finales, suivent l'approche de la criticité.

Un collaborateur mesure le flux neutronique. En plaçant, en effet, une source dans le système, le flux neutronique s'accroît lorsque le facteur de multiplication s'améliore et tend vers l'infini lorsque ce facteur tend vers l'unité. Un autre physicien manœuvre une barre de cadmium, un absorbant neutronique, qui permet de régler finement la réactivité (écart à la criticité) : en l'insérant, on capture stérilement davantage de neutrons, au détriment des fissions, et on réduit le facteur de multiplication, et inversement, en l'extrayant, on accroît le facteur de multiplication. Un autre opérateur doit ôter la source à l'instant décisif. En cas de fausse manœuvre, il est possible de stopper très vite l'expérience : un collaborateur peut, d'un coup de hache, trancher la corde qui retient une barre absorbante lourdement lestée et prête à chuter dans l'empilement. Si cela échouait ou si un événement inattendu survenait, trois techniciens sur la plate-forme surmontant la pile étaient prêts à l'innonder d'une solution de sel de cadmium pour que tout s'arrête ! Fermi lui-même, placé sur l'estrade dominant la « pile atomique », coordonne l'ensemble et surveille le taux de rayonnement ambiant.

La « divergence », c'est-à-dire le démarrage de la réaction en chaîne auto-entretenue, est observée le 2 décembre 1942 à 15 heures 25 dans cette « pile de Chicago numéro 1

(CP1) »[3]. Ce jour-là, prudemment, Fermi arrête l'expérience lorsque la puissance atteint... 0,5 watt. Les jours suivants, il montera à 200 watts (une puissance suffisante pour que le rayonnement dû aux neutrons puisse être mesuré sur le trottoir devant le bâtiment), avant de démonter l'installation pour étudier des configurations plus performantes.

[© Document Argonne National Laboratoty.]

Figure 2.2. LA PILE DE FERMI, 2 DÉCEMBRE 1942 ; DESSIN D'ARTISTE. L'empilement contenait près de 400 tonnes de graphite, 6 tonnes d'uranium métallique et 37 tonnes d'oxyde d'uranium. Le personnage à l'avant manœuvre une barre de commande.

Personne ne prit une photographie de cette expérience tout à fait secrète. Les seuls témoins de l'événement qui nous restent sont le dessin que nous reproduisons et une peinture, le reconstituant par la suite et de mémoire.

Remarque : contrairement à Joliot, Fermi connaissait les neutrons retardés, c'est-à-dire émis non pas instantanément mais quelques secondes après la fission à la suite de processus radioactifs. Ce retard d'une petite proportion des neutrons émis change complètement la cinétique de la réaction en chaîne : l'échelle de temps passe de la milliseconde à la dizaine de secondes... ce qui laisse largement le temps aux opérateurs de faire les réglages de la réactivité et réduit considérablement les risques d'une divergence intempestive.

Les recherches en Angleterre et au Canada pendant la guerre

Si toute recherche s'arrête en France pendant ces années de guerre, elles restent actives dans les pays non envahis, notamment en Angleterre et au Canada. Des expérimentations

[3] Le physicien Arthur Compton l'annonce au responsable du programme américain sur la fission de l'atome, James Conant, par ce message énigmatique : « The italian navigator has just landed in the new world » (le navigateur italien vient de débarquer dans le nouveau monde). « How were the natives ? » (comment étaient les indigènes ?), demanda Conant. « Very friendly » (très amicaux), lui fut-il répondu.

très semblables à celles que voulaient faire Joliot y sont menées. En particulier, le Canada qui a pu se procurer de l'eau lourde aux États-Unis, approche de très près la criticité. Les Canadiens réaliseront dès 1945 la condition critique sur leur pile à eau lourde Zeep à Chalk River. Ils resteront fidèles, par la suite, à la « filière » à eau lourde. Les Britanniques feront diverger leur premier réacteur, Gleep, le 15 août 1945.

On sait aussi que l'Allemagne, elle aussi très active dans les années 1930, poursuit des recherches. Les Alliés n'en connaissent pas le détail mais craignent que ce pays mette au point l'arme absolue : pour les Américains, ce sera une importante stimulation pour entreprendre et accélérer leurs propres recherches. Après la guerre on constatera que cette crainte n'était pas fondée, car les Allemands furent loin d'aboutir ; cependant, ils mirent au point un procédé de séparation des isotopes de l'uranium, l'ultracentrifugation, mais sans atteindre toutefois l'échelle industrielle et sans avoir développé la conception de l'arme proprement dite.

Le projet Manhattan

Aux États-Unis, le physicien d'origine hongroise Leo Szilard a compris les potentialités de la réaction de fissions en chaîne pour réaliser une arme terrifiante. Hanté par la crainte que les Allemands la réalisent avant les Alliés, il cherche comment alerter le Président. Einstein, qui jouit d'une grande notoriété, lui paraît être celui qui pourra être entendu. Avec l'aide d'Eugene Wigner, il prend contact avec lui et propose à sa signature une version courte et une version longue : c'est cette dernière qu'Einstein signera et enverra au Président Franklin Roosevelt le 2 août 1939.

Lettre d'Albert Einstein à Franklin Roosevelt (traduction *Le Monde 2*, 26 mars 2005).

2 août 1939,
Monsieur,

Un travail récent d'E. Fermi et L. Szilard, dont on m'a communiqué le manuscrit, me conduit à penser que l'uranium va pouvoir être converti en une nouvelle et importante source d'énergie dans un futur proche. Certains aspects de cette situation nouvelle demandent une grande vigilance et, si nécessaire, une action rapide du gouvernement. Je considère qu'il est donc de mon devoir d'attirer votre attention sur les faits et recommandations suivants :

Au cours des quatre derniers mois, grâce aux travaux de Joliot en France et à ceux de Fermi et Szilard en Amérique, il est devenu possible d'envisager une réaction nucléaire en chaîne dans une grande quantité d'uranium, laquelle permettrait de générer beaucoup d'énergie et de très nombreux éléments de type radium. Aujourd'hui, il est pratiquement certain que cela pourra être obtenu dans un futur proche. Ce fait nouveau pourrait aussi conduire à la réalisation de bombes, et l'on peut concevoir — même si ici il y a moins de certitudes — que des bombes d'un genre nouveau et d'une extrême puissance pourraient être construites. Une seule bombe de ce type, transportée par un navire et explosant dans un port, pourrait en détruire toutes les installations ainsi qu'une partie du territoire environnant. On estime néanmoins que des bombes de cette

[4] Sur ce point, la prédiction s'avérera inexacte.

nature seraient trop pesantes pour être transportées par avion[4].

Les États-Unis n'ont que de faibles ressources en uranium. Le Canada est assez bien pourvu, ainsi que l'ancienne Tchécoslovaquie, mais les principaux gisements sont au Congo belge.

Devant cette situation, vous souhaiterez peut-être disposer d'un contact permanent entre le gouvernement et le groupe des physiciens qui travaillent en Amérique sur la réaction en chaîne. Une des possibilités serait de donner cette tâche à une personne qui a votre confiance et pourrait le faire à titre officieux. Cette personne devrait être chargée des missions suivantes :

a. Rencontrer les différents ministères, les tenir informés des développements à venir, faire des propositions d'action au gouvernement, en accordant une attention particulière à la question de l'approvisionnement américain en uranium.

b. Accélérer les travaux expérimentaux qui sont actuellement menés sur des budgets universitaires limités, en leur apportant un financement complémentaire, si besoin est, grâce à des contacts avec des personnes privées désireuses d'aider cette cause et en obtenant peut-être collaboration de laboratoires industriels disposant des équipements requis.

J'ai appris que l'Allemagne vient d'arrêter toute vente d'uranium extrait des mines de Tchécoslovaquie dont elle s'est emparée. Le fils du vice-ministre des affaires étrangères allemand, von Weizsäcker, travaille à l'Institut Kaiser Wilhelm de Berlin, où l'on a entrepris de répéter des expériences américaines sur l'uranium. Voilà ce qui explique peut-être la rapidité de cette décision.

Sincèrement vôtre.

Albert Einstein

Roosevelt ne prendra connaissance de cette lettre que le 11 octobre. Il nomme alors un « Uranium Committee » (Comité consultatif de l'uranium), mais ne le dote que de 6 000 dollars. Il se passera deux ans avant que l'affaire ne soit réellement prise au sérieux : le 6 décembre 1941, la veille de l'attaque de Pearl Harbor et de l'entrée en guerre des États-Unis, est lancé ce qui s'appellera quelques mois plus tard le « Manhattan Project » ou « Manhattan Engineering District » (projet Manhattan).

Rapidement, ce projet prend une grande ampleur : dirigé par le général Leslie Groves, il rassemblera jusqu'à 130 000 chercheurs[5], ingénieurs et techniciens. On a chiffré à 2 milliards de dollars de l'époque, soit environ 20 milliards de dollars d'aujourd'hui, le coût de ce projet. Les équipes chargées de la conception de la bombe — plusieurs milliers de savants sous la direction scientifique de Robert Oppenheimer — vécurent enfermées avec leurs familles pendant trois ans dans un centre créé de toutes pièces, Los Alamos, dans le Nouveau Mexique.

[5] Parmi ceux qui furent associés plus ou moins directement au projet, on dénombre 21 prix Nobel ou futurs prix Nobel ; en voici la liste : Luis Alvarez (physique, 1968), Hans Bethe (physique, 1967), Aage Niels Bohr (physique, 1975), Niels Bohr (physique, 1922), Sir James Chadwick (physique, 1935), Owen Chamberlain (physique, 1959), Arthur H. Compton (physique, 1927), Albert Einstein (physique, 1921), Enrico Fermi (physique, 1938), Richard Feynman (physique, 1965), James Franck (physique, 1925), Ernest O. Lawrence (physique, 1939), Edwin McMillan (chimie, 1951), Isidore I. Rabi (physique, 1944), Leo J. Rainwater (physique, 1975), Norman Ramsey (chimie, 1904), Julian Schwinger (physique, 1965), Glenn Seaborg (chimie, 1951), Emilio Segrè (physique, 1959), Harold Urey (chimie, 1934), Eugene Wigner (physique, 1963).

Figure 2.3. Robert Oppenheimer (à gauche), Enrico Fermi (au centre) et Ernest Lawrence, trois des leaders du projet Manhattan, photographiés en 1941.

Suite aux travaux des physiciens tels Fermi, on savait maintenant que deux voies pouvaient fournir la matière fissile hautement concentrée nécessaire à la confection d'une arme (il en faut quelques kilogrammes).

La première voie est celle de la séparation isotopique pour extraire l'isotope 235 de l'uranium naturel. Plusieurs procédés seront explorés, notamment la séparation des atomes un par un par des champs électrique et magnétique, selon le principe du spectromètre de masse, qui demande des durées très longues pour fournir une masse significative[6], et la diffusion gazeuse qui suppose de très nombreuses étapes car le taux de séparation est très faible à chacune d'elles. (Seule cette deuxième voie sera industrialisée après la guerre.) L'uranium 235 permettant la fabrication d'une bombe (Hiroshima) fut ainsi obtenu à Oak Ridge (Tennessee).

Figure 2.4. L'usine K-25 d'Oak Ridge, dans le Tennessee, comportait des milliers d'appareils de séparation des isotopes de l'uranium par la méthode de diffusion gazeuse. On y produisait plus de 250 grammes d'uranium 235 par jour. Il existait aussi à Oak Ridge un séparateur magnétique monstre et une pile atomique à graphite fabriquant du plutonium 239.

[6] Procédé dit de « calutron » (Californian University cyclotron) ; le cyclotron avait été inventé par Ernest Lawrence à l'Université de Berkeley en 1930 (prix Nobel de physique en 1939).

La deuxième voie est celle du plutonium 239. Ce nucléide est en quelque sorte un sous-produit de la réaction en chaîne. Dans un réacteur tel CP1 et ceux qui ont suivi, tous les neutrons ne sont pas utilisés pour induire des fissions[7] ; une partie d'entre eux est capturée par l'uranium 238, notamment dans les résonances. Ces captures ne conduisent pas à la fission mais à l'isotope 239 de l'uranium. Ce dernier est radioactif bêta (période de 20 minutes) et donne le neptunium 239 (artificiel) ; puis ce neptunium, toujours par radioactivité bêta (période de 2 jours), donne le plutonium 239 (également artificiel), pratiquement stable (période de 24 000 ans). Par des considérations théoriques (Niels Bohr) que les expériences ont étayées, on sait que ce nucléide a des propriétés très semblables à celles de l'uranium 235 et peut donc, en particulier, constituer la matière de base pour une arme. De puissants réacteurs à uranium et à graphite (dérivés directs de la pile CP1) sont construits à Hanford (État de Washington) pour fabriquer du plutonium[8]. La séparation du plutonium de l'uranium est une opération plus simple que la séparation des isotopes de l'uranium car c'est une opération chimique. Toutefois, elle doit être entièrement automatisée à cause des rayonnements radioactifs intenses de la matière irradiée dans le réacteur. Le 16 juillet 1945, une explosion expérimentale à Alamogordo (Nouveau Mexique), l'essai Trinity, démontre le bien-fondé de cette deuxième voie.

Hiroshima et Nagasaki

Quelques semaines après la conférence de Yalta (4-11 février 1945), Roosevelt décède (12 avril). Harry Truman lui succède. L'Allemagne est vaincue et Hitler se suicide le 30 avril 1945. Les troupes d'occupation constatent que les Allemands n'ont pas misé sur l'arme nucléaire. Mais, sur le front du Pacifique la guerre n'est pas terminée. Après avoir pris les

Figure 2.5. Harry S. Truman, Président des États-Unis (1945).

[7] Sinon ce serait une divergence incontrôlée ! En effet, sur les 2,4 neutrons émis en moyenne lors d'une fission, seul un, en moyenne, sera utilisé pour la fission suivante, si le réacteur est critique.

[8] Le 26 septembre 1944, la plus puissante pile jamais construite démarre comme l'avaient prévu ses concepteurs... puis s'arrête spontanément le lendemain matin. C'est ainsi qu'on découvre un produit de fission puissant poison neutronique, le xénon 135. Heureusement, les concepteurs avaient prévu des marges et, après modification, redémarrent la pile le 17 décembre.

avis (partagés) de différentes personnalités[9], le Président prend la difficile décision d'utiliser l'arme nucléaire sur deux grandes villes japonaises : Hiroshima (bombe à uranium 235, 6 août 1945) fera environ 140 000 victimes et Nagasaki (bombe à plutonium, 9 août) environ 70 000. Le 14 août, le Japon capitule.

La bombe n'avait pas été conçue pour être utilisée contre le Japon mais contre l'Allemagne. Hiroshima et Nagasaki initient une ère nouvelle...

[© Document Los Alamos Scientific Laboratory.]

Figure 2.6. « Little Boy », la bombe à uranium qui détruisit Hiroshima. Son diamètre était de 28 pouces (71 cm) et sa longueur de 120 pouces (3 m). Elle pesait environ 9 000 livres (4 t) et avait une puissance équivalente à approximativement 20 000 tonnes d'explosif classique.

[© Document Los Alamos Scientific Laboratory.]

Figure 2.7. « Fat Man », la bombe à plutonium qui détruisit Nagasaki. Son diamètre était de 60 pouces (1,5 m) et sa longueur de 120 pouces (3 m). Elle pesait environ 10 000 livres (4,5 t) et avait une puissance équivalente à approximativement 20 000 tonnes d'explosif classique.

[9] Après la défaite de l'Allemagne, le 17 juillet 1945, une pétition signée de soixante-neuf scientifiques ayant travaillé dans le domaine de l'énergie atomique demande à Truman de ne pas utiliser la bombe sur le Japon avant de l'avoir prévenu et incité à se rendre.

La Guerre froide

La Guerre froide qui s'ouvre alors entre les Occidentaux et le bloc de l'Est durera jusqu'à la chute de l'URSS en 1991.

Bien que la décision soit fortement controversée dans les milieux scientifiques (par exemple, Einstein écrit à Truman pour s'opposer à la réalisation de la bombe H), le programme d'étude de l'arme thermonucléaire est décidé par Truman en 1950 sous la direction scientifique d'Edward Teller, assisté de Stan Ulam. La mise au point bénéficie des calculs du nouvel ordinateur ENIAC. Dès le 1er novembre 1952, les États-Unis font exploser sur l'atoll d'Eniwetok un dispositif thermonucléaire alliant une bombe à fission servant d'« allumette » à une réaction de fusion de l'hydrogène.

[© CEA — DAM.]

Figure 2.8. Essai nucléaire atmosphérique.

Les Soviétiques suivent de près, sous la direction d'Igor Kourtchatov : leur première explosion nucléaire est détectée le 29 août 1949 (engin au plutonium). La première explosion thermonucléaire sera réalisée le 12 août 1953 ; Andreï Sakharov, qui, plus tard, sera connu en Occident pour ses prises de position en faveur des droits de l'homme, a joué un rôle déterminant dans la mise au point de la bombe H soviétique.

La première bombe atomique britannique explose le 3 octobre 1952. La France suivra de quelques années (nous en reparlerons). La première bombe chinoise est de 1964. Suivront l'Inde et le Pakistan... Israël développera aussi la bombe mais sans le déclarer ouvertement ni l'expérimenter.

L'Agence internationale à l'énergie atomique et Euratom

Les pays possesseurs de l'arme nucléaire, ou susceptibles de l'être, s'inquiètent du risque de dissémination : qu'adviendrait-il, en effet, si un dictateur imbu de pouvoir avait entre les mains une telle arme ? C'est la raison pour laquelle l'Organisation des nations unies s'est saisie du problème : l'Agence internationale à l'énergie atomique (AIEA) est créée le

29 juillet 1957, avec pour mission de promouvoir les applications pacifiques de l'énergie nucléaire, et également d'exercer un contrôle de l'usage des matières sensibles dans l'ensemble des pays de la planète. Le Traité de non-prolifération (TNP) sera signé par beaucoup d'entre eux (mais pas tous) à partir de 1970.

En Europe, la Communauté européenne pour l'énergie atomique, dite « Euratom », est créée le 25 mars 1957 avec pour mission de promouvoir le nucléaire au sein de l'Europe. Euratom assurera aussi dans ces pays la mission de contrôle des matières nucléaires, par délégation de l'AIEA.

Notre propos ici concernant les aspects pacifiques de l'énergie nucléaire, nous ne développerons pas davantage la présentation de ces programmes d'armement qui ont atteint des sommets proprement insensés aux États-Unis et en URSS (quelques indications complémentaires seront données dans la troisième partie). Mais il faut toujours garder présent à l'esprit que parmi les risques de l'énergie nucléaire figurent non seulement la possibilité d'un accident mais aussi la crainte que des matières nucléaires soient détournées de leur utilisation normale par des individus malveillants.

La reconstitution de l'équipe française et la naissance du CEA

Revenons donc à l'année 1945 et tournons-nous à nouveau vers la France. Le Général de Gaulle a bien compris l'enjeu, pacifique et militaire, du nucléaire. Dès le 18 octobre 1945, il signe une ordonnance créant le Commissariat à l'énergie atomique (CEA) et nomme à sa tête un Administrateur général, Raoul Dautry, pour la gestion, et un Haut-commissaire, Frédéric Joliot, pour la direction scientifique ; cette double direction est une originalité du CEA qui perdurera, l'Administrateur général prenant cependant, au fil des années, le rôle prépondérant.

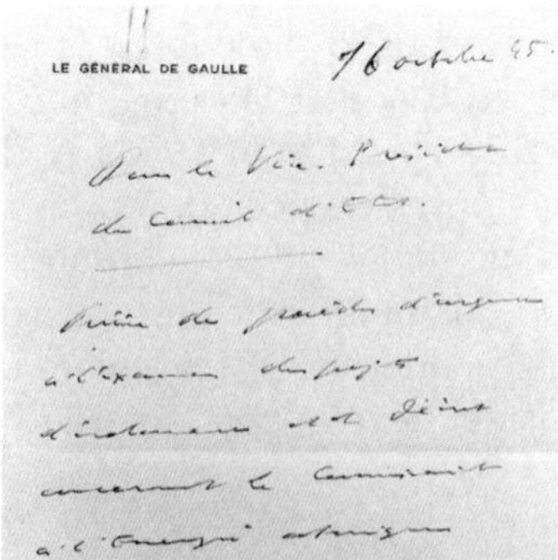

[© CEA. Archives CEA.]

Figure 2.9. Note de la main du Général de Gaulle.

[© CEA. Archives CEA.]

Figure 2.10. Raoul Dautry.

[© ACJC - Fonds Curie et Joliot-Curie.]

Figure 2.11. Frédéric Joliot.

La plupart des collaborateurs de Joliot au Collège de France le rejoignent dans cette nouvelle structure. Les quelques Français qui ont collaboré avec les équipes canadiennes et américaines reviennent avec des notes qui seront fort utiles pour redémarrer les recherches : Jules Guéron et Lew Kowarski sur la physique des réacteurs, Bertrand Goldschmidt sur la chimie du plutonium (Hans Halban, lui, ne rejoindra pas Joliot).

[© CEA — Otto et Pirou. Archives CEA.]

Figure 2.12. L'équipe des débuts de Commissariat à l'énergie atomique (1946). Assis autour de la table de gauche à droite : Pierre Auger, Irène et Frédéric Joliot, Francis Perrin, Lew Kowarski. Debout de gauche à droite : Bertrand Goldschmidt, Pierre Biquard, Léon Denivelle, Jean Langevin.

Zoé

Au début de 1946, les techniciens du CEA s'installent en banlieue parisienne à Fontenay-aux-Roses au fort de Chatillon. Les précieux stocks d'uranium et d'eau lourde qui ont passé la guerre sans avoir été découverts par les Allemands permettront, sous la direction active de Joliot, de réaliser la pile atomique : Zoé, comme puissance (presque) zéro, oxyde (d'uranium) et eau (lourde) diverge le 15 décembre 1948. Sa puissance sera portée plus tard à quelques kilowatts et elle sera utilisée par les physiciens pendant plus de vingt-cinq ans avant d'être démantelée. Dans le hall se trouve aujourd'hui un *Musée de l'Atome* rassemblant d'émouvants souvenirs d'une époque de grande pénurie.

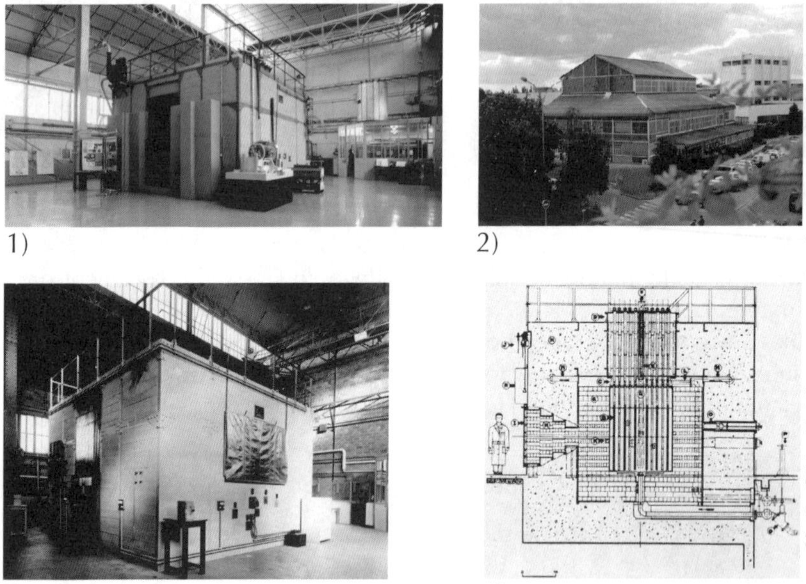

[1 et 2) © CEA. F. Vigouroux ; F. Rhodes. 3 et 4) © CEA. Archives CEA.]

Figure 2.13. Zoé (sur le schéma, les dimensions relatives sont volontairement inexactes).

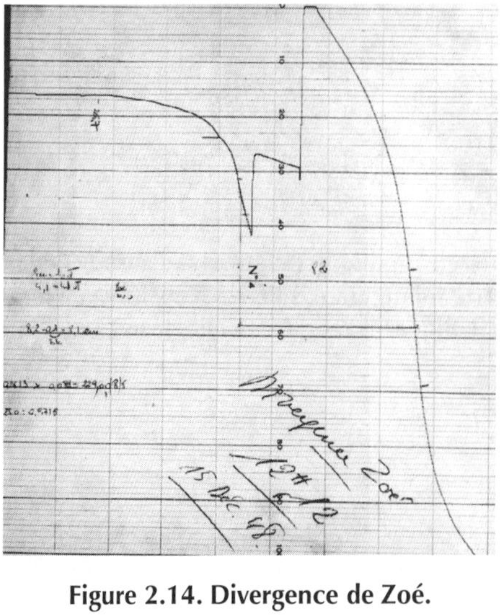

[© CEA. Archives CEA.]

Figure 2.14. Divergence de Zoé.

[© CEA. Archives CEA.]

Figure 2.15. Vers 1950, même après Hiroshima, l'énergie atomique reste un vecteur pour la publicité.

Quelques années plus tard, le CEA créera, en 1949, un nouveau centre d'études nucléaires à Saclay (grande banlieue parisienne), dirigé par Jules Guéron, qui verra les piles EL2 et EL3 (EL comme eau lourde), puis les réacteurs d'enseignement Ulysse, et de recherche, Osiris et Orphée. Par la suite, seront créés d'autres centres civils à Grenoble (Isère), en 1956, à Marcoule (Gard), où la pile G1 diverge en 1956, et à Cadarache (Bouches-du-Rhône), en 1960, ainsi que plusieurs centres de la Direction des applications militaires (DAM).

En parallèle, une véritable armée de prospecteurs d'uranium est formée par le CEA et envoyée sur le terrain. Plusieurs gisements seront découverts en métropole (Limousin, Vendée, Hérault) ; ils fourniront l'uranium des premières piles françaises. Par la suite, la France fera appel à l'étranger (Afrique noire, Canada, Australie) pour ne pas épuiser complètement ses réserves. La dernière mine française sera fermée en 2001.

Les conférences de Genève

Dans tous les grands pays dont nous avons déjà parlé, des programmes similaires démarrent, notamment aux États-Unis sous l'égide de l'Atomic Energy Commission (commission à l'énergie atomique) qui remplace le Manhattan Engineering District[10] le 1er janvier 1947. Pour les pays, tels la France, qui n'ont pas (ou presque pas) été associés aux recherches faites pendant la guerre, les débuts sont laborieux car tout est à (re)découvrir. Les craintes de prolifération créent un climat souvent malsain, surtout aux États-Unis où l'on pourra assister à une lamentable « chasse aux sorcières » et à de nombreuses délations injustifiées.

L'atmosphère s'assainit toutefois dans les années 1950 au cours desquelles les États-Unis décident d'ouvrir leurs connaissances dans les domaines d'applications pacifiques de l'énergie nucléaire : le Président Eisenhower l'exprime solennellement devant l'assemblée générale de l'ONU le 8 décembre 1953 en proposant le programme « Atoms for Peace ». Les autres pays adopteront une politique similaire.

Deux grandes « Conférences internationales sur les applications pacifiques de l'énergie atomique » concrétisent ce nouvel état d'esprit. Elles se tiennent à Genève du 8 au 20 août 1955, puis du 1er au 13 septembre 1958. Les physiciens de l'Ouest et de l'Est pourront y échanger leurs connaissances dans un climat de confiance réciproque.

Il est intéressant de noter que parmi les applications civiles de l'énergie nucléaire étudiées à l'époque figure le programme Plowshare (soc de charrue) présenté par Edward Teller à la conférence de 1958 : l'utilisation de la bombe atomique pour de grands travaux de génie civil. On a proposé, par exemple, de recreuser le canal de Panama suffisamment pour l'amener au niveau de la mer ou de recueillir du gaz naturel en stimulant un gisement par une explosion atomique. Il y eu 35 explosions expérimentales Plowshare entre 1961 et 1973. Le programme fut finalement abandonné car les problèmes de contamination sont apparus insurmontables. Le CEA a lancé en 1969 le programme APEX (application des explosions) en utilisant des résultats acquis lors des essais nucléaires dans le Hoggar. L'URSS a aussi mené des essais dans cette optique : elle envisagea, par exemple, de creuser un

[10] Cette continuité montre à quel point le développement des réacteurs commerciaux est lié, à l'origine, aux applications militaires. L'AEC aura ces deux missions. Toutefois, son premier président, David Lilienthal, démissionnera le 9 novembre 1949 pour s'opposer au développement de la « superbombe » (bombe à hydrogène).

canal de 112 km entre la Petchora, la Volga et la mer Caspienne pour alimenter cette dernière en eau douce.

Les premières réalisations électronucléaires

Le nucléaire restera marqué par le « péché nucléaire » de Hiroshima et Nagasaki. Cependant, comme le souligne Bertrand Goldschmidt (*Le complexe atomique*, p. 9), les développements industriels ont largement bénéficié des acquis obtenus grâce aux programmes militaires. « Entre les deux aspects civil et militaire [...] il existe une dissymétrie fondamentale. En effet, le développement des armements nucléaires a précédé de quelque dix à quinze ans celui des installations — moteurs marins et centrales — produisant de l'énergie utilisable et s'est toujours déroulé sans pratiquement subir d'influence de la part des programmes civils. À l'opposé, la production d'électricité d'origine nucléaire et son cycle du combustible ont pris leurs racines dans les fondements techniques et industriels des efforts militaires.

Si le phénomène de fission s'était seulement prêté à la réalisation de l'explosif, la récupération de l'énergie s'étant révélée techniquement ou économiquement impraticable, le déroulement de l'affaire atomique sous son angle militaire eût été presque inchangé. En revanche, si, par bonheur, l'arme eût été irréalisable et seule la production d'énergie utilisable possible, le développement de cette nouvelle source se serait déroulé tout autrement. »

C'est à la fin des années 1940 et au cours de la décennie qui suit qu'apparaissent les premiers prototypes de réacteurs industriels.

Cette période se caractérise par un foisonnement des idées; nous n'hésiterions pas aujourd'hui à considérer comme irréalistes certains programmes de recherche qui furent menés à cette époque, tel l'avion nucléaire (projet américain) ou le réacteur à uranium naturel et eau lourde pour sous-marin (projet français Q 244).

Figure 2.16. En 1955, un Convair B-36 a été modifié en NB-36H (N pour Nuclear), porteur d'un réacteur nucléaire, mais qui n'assurait pas la propulsion. Au cours de quarante-sept vols, les effets des radiations sur les équipements ont été étudiés, ainsi que les blindages de protection. La fabrication de deux X-6, avions à propulsion nucléaire, a été abandonnée.

Il faut dire qu'en combinant les choix du combustible nucléaire, du caloporteur et du modérateur (ou absence de modérateur pour un système à neutrons rapides) de très nombreuses variantes de réacteurs (ce qu'on appellera des « filières ») sont envisageables : dans son petit livre, *l'Aventure nucléaire* (p. 61), Claude Bienvenu en dénombre 200 000 ! Beaucoup ont pu être rapidement éliminées ; si l'on en croit l'auteur, mille combinaisons environ ont fait l'objet d'études, avec un projet plus ou moins élaboré pour une centaine d'entre elles ; une trentaine ont fait l'objet d'essais en laboratoire en vraie grandeur ; dix-sept furent poussées jusqu'à la construction d'un réacteur et à la production d'énergie. Les quelque 450 réacteurs électronucléaires fonctionnant aujourd'hui se répartissent entre sept filières seulement : Magnox, AGR, RBMK, PWR/REP/VVER, BWR/REB, CANDU et RNR à sodium. On voit que la « sélection naturelle » a été sévère !

La première production expérimentale d'électricité d'origine nucléaire est obtenue par le réacteur à neutrons rapides EBR-1, aux États-Unis, le 20 décembre 1951 : le réacteur produit ce jour-là suffisamment de puissance électrique pour allumer quatre ampoules, puis tout le bâtiment le deuxième jour[11]. Viendront ensuite des réacteurs à eau dérivés de la technologie des réacteurs de sous-marins. Premier REP de grande puissance : Shippingport (60 MWé, 1957) ; premier REB de grande puissance : Dresden Unit One (200 MWé, 1960), tous deux aux États-Unis. En URSS, les premiers kilowattheures d'origine nucléaire seront produits dès 1954 à Obninsk : le réacteur AES-1 — tête de file de la filière RBMK que l'URSS développera par la suite — sera le premier réacteur au monde à être couplé au réseau. La Grande-Bretagne et la France suivront de peu (1956).

« Six pays seulement se sont lancés, sans aide extérieure et indépendamment l'un de l'autre, dans la course aux centrales nucléaires : les quatre premiers membres du club militaire (États-Unis, URSS, Royaume-Uni et France), ainsi que le Canada et la Suède. Tous les autres pays auront par la suite recours, pour la construction de leurs premiers réacteurs de puissance, à l'un ou l'autre de ces six pays pionniers, de même qu'à l'Allemagne de l'Ouest dont l'essor industriel nucléaire sera basé sur la technique américaine. » (B. Goldschmidt, *Le complexe atomique*, pp. 275-276.)

Réacteurs à neutrons thermiques ou réacteurs à neutrons rapides ?

Malgré Hiroshima et Nagasaki, cette époque se caractérise par un grand enthousiasme en faveur de l'énergie nucléaire qui apparaît comme l'alternative aux énergies fossiles qui s'épuisent.

La physique a révélé l'intérêt majeur de la filière des réacteurs à neutrons rapides. Dans cette filière, contrairement à celles à neutrons thermiques où l'on favorise le ralentissement des neutrons grâce à un modérateur, on évite au maximum de ralentir les neutrons pour les utiliser au voisinage de leur vitesse initiale. Avec un tel spectre, la condition critique n'est possible que si la matière combustible est fortement enrichie en noyaux fissiles, au moins une quinzaine de pour cent (ce qui exclut évidemment l'uranium naturel qui n'a que 0,7 % de noyaux fissiles).

Les réacteurs à neutrons rapides peuvent fonctionner avec de l'uranium enrichi à la teneur adéquate. Mais ils s'avèrent encore plus performants s'ils sont alimentés avec du

[11] Par la suite, ce réacteur démontra la possibilité de la surgénération. Lors d'études des coefficients de réactivité, une excursion de puissance que les opérateurs ne purent contrôler amena à une fusion du cœur. C'est aujourd'hui un musée (Idaho).

Tableau 2.1. Principales unités électronucléaires des années 1950 et 1960 (Source : ELECNUC, édition 2002) (Attention ! le détail ne figure plus dans les éditions suivantes). On notera que l'Europe a effacé son retard sur les États-Unis si l'on considère les centrales industrielles. Remarquer aussi la variété des filières qui ont été explorées, notamment aux États-Unis.

PAYS	Nom de l'unité	Filière	Puissance (MWé)	Date (a)	Note
États-Unis	EBR-1	Rapide	Négl.	20/12/1951	(1)(+)
	HRE-1	Homogène	Négl.	02/1953	(2)(+)
	Borax-3	BWR	2	01/07/1955	(1)(+)
	SM1 (Belvoir)	PWR (US Army)	2	15/04/1957	(1)(+)
	SRE	Graphite-sodium	6	12/07/1957	(2)
	Shippingport-1	PWR	60	18/12/1957	(1)
	Dresden-1	BWR	197	15/04/1960	(4)(+)
	Yankee	PWR	175	10/11/1960	(4)(+)
	Piqua	Modérateur organique	11	04/11/1963	(3)
	Parr CVTR	Eau lourde press.	17	18/12/1963	(2)
	Hanford NPR	Graphite-eau	850	08/04/1966	(2)
	Enrico Fermi-1	Rapide	61	05/08/1966	(2)
	Peach Bottom-1	HTR	40	27/01/1967	(3)
Russie	AES-1 Obninsk	RBMK	5	27/06/1954	(1)
	Troitsk-1	Graphite-eau	90	09/1958	(2)(+)
	Beloyarsk-1	RBMK	102	24/04/1964	(4)(+)
	Novovoronezh-1	VVER	265	30/09/1964	(4)(+)
	VK-50 Melekess	BWR	50	20/10/1965	(2)
	BOR-60 Ulyanovsk	Rapide	11	12/1969	(3)
Royaume-Uni	Calder Hall-1	Magnox	50	27/08/1956	(1)(+)
	Berkeley-1	Magnox	138	12/06/1962	(4)(+)
	Dounreay-1	Rapide	14	14/10/1962	(3)(+)
	AGR Windscale	AGR	32	18/02/1963	(4)
	SGHWR Winfrith	Eau lourde bouillante	92	24/12/1967	(2)
France	Marcoule G-1	UNGG	2	28/09/1956	(1)
	Marcoule G-2	UNGG	38	22/04/1959	(4)(+)
	Chooz A	PWR	310	03/04/1967	(4)
	Monts d'Arrée EL-4	Eau lourde-gaz	70	09/07/1967	(2)
Allemagne féd.	VAK Kahl	BWR	16	17/06/1961	(1)
	MZFR Karlsruhe	Eau lourde press.	52	09/03/1966	(4)
	Gundremmingen A	BWR	238	12/11/1966	(4)(+)
	AVR Jülich	HTR	13	17/12/1967	(3)
Canada	Rolphton NPD-2	Eau lourde bouillante	22	04/06/1962	(1)
	Douglas Point	Eau lourde press.	208	07/01/1967	(4)
Belgique	Mol BR-3	PWR	11	10/10/1962	(1)
Italie	Latina	UNGG	153	12/05/1963	(2)
	Garigliano	BWR	150	23/01/1964	(2)
	Trino Versellese	PWR	260	22/10/1964	(2)
Japon	Tokai JPDR-1	BWR	10	26/10/1963	(1)
	Tokai-1	Magnox	154	10/11/1965	(2)
	Tsuruga-2	BWR	340	16/01/1969	(4)
Suède	Agesta	Eau lourde press.	10	20/03/1963	(2)
Allemagne dém.	Rheinsberg	VVER	70	06/05/1966	(4)
Suisse	Lucens	Eau lourde-gaz	8	29/01/1968	(2)
	Beznau-1	PWR	365	17/07/1969	(4)
Espagne	Jose Cabrera	PWR	153	11/07/1968	(4)
Pays-Bas	Dodewaard	BWR	57	25/10/1968	(2)
Inde	Tarapur-1	BWR	150	01/04/1969	(3)(+)

(a) Première production ou connexion au réseau. (1) Installation expérimentale ne pouvant pas être considérée comme une « centrale nucléaire » au sens propre. (2) Prototype d'une filière qui ne sera pas poursuivie. (3) Prototype d'une filière qui ne sera pas développée industriellement. (4) Première réalisation d'une filière qui sera développée industriellement. (+) D'autres unités du même type ont été réalisées pendant la période considérée mais ne sont pas citées dans ce tableau.

plutonium qui, en neutrons rapides, fournit plus de neutrons par fission que l'uranium 235. En constituant un cœur de réacteur avec un mélange d'uranium 238 (en pratique, uranium naturel ou appauvri) et de plutonium, et en l'entourant d'une « couverture » en uranium 238, il est possible de faire en sorte que le système produise, en fonctionnant, *davantage* de plutonium qu'il n'en consomme[12]. On dit alors qu'il est « surgénérateur ». En y recyclant le plutonium, les réacteurs à neutrons rapides permettent dans ces conditions et sur le long terme de brûler *tout* l'uranium, alors que les réacteurs à neutrons thermiques, qu'il est difficile de rendre surgénérateurs, n'utilisent, même si l'on y recycle le plutonium, guère plus que les 0,7 % d'isotope 235 dans l'uranium naturel. Retenons qu'en ordre de grandeur, les réacteurs à neutrons rapides à plutonium permettraient de tirer 50 à 100 fois plus d'énergie de l'uranium naturel que les réacteurs à neutrons thermiques.

Comme le disait déjà Fermi en 1945, « the country which first develops a breeder reactor will have a great competitive advantage in atomic energy » (le pays qui le premier développera un réacteur surgénérateur aura un avantage incontestable dans la compétition pour l'énergie nucléaire).

Notons que les premières charges de plutonium doivent être produites par des réacteurs à uranium (à neutrons rapides ou à neutrons thermiques, en pratique sous-générateurs) ; ensuite le parc des réacteurs à neutrons rapides peut s'étendre au fur et à mesure que l'excédent de plutonium des réacteurs surgénérateurs est réinvesti pour de nouveaux réacteurs eux-mêmes surgénérateurs : on peut calculer que le nombre de réacteurs du parc pourrait ainsi doubler tous les trente ans environ.

Cela avait été fort bien compris par la France ; ce leitmotiv se trouve, par exemple, dans les discours de Francis Perrin qui fut nommé haut-commissaire du CEA après que Joliot ait été déchu de ce poste à cause de ses sympathies communistes. Comme nous le verrons, la France va entreprendre la réalisation de réacteurs à graphite qui sont de bons

[© CEA. Archives CEA.]

Figure 2.17. Francis Perrin, haut-commissaire à l'énergie atomique de 1951 à 1970.

[12] Ces productions de plutonium proviennent, rappelons-le, des captures neutroniques par l'uranium 238, dans le cœur et dans les couvertures.

producteurs de plutonium (mais néanmoins sous-générateurs) avec l'idée de retraiter le combustible irradié, de récupérer le plutonium, puis de le recycler dans des réacteurs à neutrons rapides. Avec une telle perspective, grâce à l'uranium, à la conversion et à la fission, les ressources en énergie apparaissent presque illimitées.

Les piles de Saclay EL2 et EL3

Avant cela et dans la lignée de Zoé (ou EL1), la France réalisera à Saclay, comme nous l'avons dit, deux piles plus puissantes à eau lourde. Ce seront EL2 en 1952 et EL3 en 1957. Il s'agit de réacteurs dévolus à la recherche et à la production de radioéléments, et non à la fourniture d'énergie. Ils permettront aux chercheurs et ingénieurs d'améliorer la technologie nucléaire. Cependant, dans l'immédiat, ce ne sera pas la filière eau lourde qui sera choisie car l'extrapolation paraît difficile et l'approvisionnement de grandes quantités d'eau lourde pas assurée.

[© CEA. Archives CEA.]

Figure 2.18. Pile EL2 à Saclay (vue intérieure et vue extérieure).

[© CEA. Archives CEA.]

Figure 2.19. Salle de commande de la pile EL3 à Saclay.

Les prototypes des réacteurs électronucléaires

• Les piles de Marcoule G1, G2 et G3

La France qui veut développer rapidement un programme électronucléaire est contrainte d'envisager une filière à uranium naturel, faute de maîtriser la technologie de l'enrichissement. L'eau lourde étant éliminée dans l'immédiat, comme nous venons de le dire, ainsi que le béryllium, relativement coûteux et, surtout, handicapé par des propriétés métallurgiques peu favorables, le seul choix possible est le graphite. C'est un matériau qu'on sait fabriquer à un coût raisonnable et qui est relativement inerte même à haute température.

[© CEA. Archives CEA.]

Figure 2.20. Vue de G1, G2, G3 et de l'usine de plutonium à Marcoule.

Malheureusement, c'est un ralentisseur de neutrons assez peu efficace et il faut en mettre beaucoup (environ cinquante fois plus en volume que l'uranium), ainsi que nous l'avons d'ailleurs déjà constaté avec la pile CP1 de Fermi qui contenait 400 tonnes de graphite.

La France va construire à Marcoule trois prototypes de la filière UNGG (uranium naturel-graphite-gaz [carbonique]) qu'elle développera par la suite. Malgré leur puissance modeste ce seront des installations de taille impressionnante : G1 (2 MWé) fonctionnera de 1956 à 1968, G2 et G3 (38 MWé chacun), fonctionneront respectivement de 1959 à 1980 et de 1960 à 1984.

Figure 2.21. Pile G1 à Marcoule.

Figure 2.22. Face de chargement de la pile G2, à Marcoule.

Figure 2.23. Salle de commande de la pile G2.

Ces réacteurs à graphite sont de bons producteurs de plutonium ce qui est également un argument de poids en faveur du choix de cette filière : ils devraient permettre, espère-t-on, de fabriquer du plutonium pour démarrer une filière à neutrons rapides. C'est la raison pour laquelle une usine de retraitement va être construite pendant les mêmes années sur ce même site de Marcoule : UP1 fonctionnera de 1958 à 1997.

Accessoirement, mais cela a certainement dû influencer aussi la décision de lancer les UNGG (à moins que ce ne fut la motivation principale, inavouée...), ces réacteurs permettront de disposer de plutonium si l'on décide un jour de se lancer dans un programme de fabrication d'armes nucléaires. Une arme à plutonium nécessite l'utilisation d'un plutonium de bonne qualité isotopique (peu chargé en isotope 240), ce qui oblige à décharger

Figure 2.24. Extrait de l'album d'Hergé « Objectif lune ». L'auteur s'est certainement inspiré des piles à graphite de Hanford refroidies à l'eau. (On dit qu'Hergé a été conseillé par Jules Horowitz pour ce dessin.)

le combustible plus tôt que pour une utilisation énergétique complète de l'uranium (à une irradiation de l'ordre de 1 500 MWj/t au lieu de 4 500 environ) ; mais cela n'est pas un handicap technique, puisque le combustible des réacteurs à graphite est chargé et déchargé du cœur pendant la marche du réacteur.

Remarque : les Britanniques ont développé sous la dénomination de « Magnox » (qui rappelle le magnésium servant à gainer les barreaux d'uranium métallique) une filière pratiquement identique ; les raisons de ce choix sont les mêmes que celles qui ont orienté le choix français. Comme nous le verrons, les Français ont abandonné en 1969 la filière UNGG pour s'orienter vers les réacteurs à eau ; les Britanniques, en revanche, sont restés fidèles au graphite et ont développé une filière « AGR » (advanced graphite reactors) utilisant de l'uranium légèrement enrichi et sous forme d'oxyde.

• La centrale des Monts d'Arrée (le réacteur EL4)

L'eau lourde reste cependant prometteuse : grâce aux excellentes propriétés de ce matériau, un réacteur à eau lourde permet de produire au moins deux fois plus d'énergie à partir de l'uranium naturel (environ 10 000 MWj/t) qu'un réacteur à graphite. Un prototype de 70 MWé (centrale des Monts d'Arrée, EL4) est construit en Bretagne et fonctionnera de 1967 à 1985. Mais, finalement, cette filière ne sera pas davantage développée en France. (Des études seront commanditées par la suite mais ne seront pas suivies de réalisation.)

[© CEA. Archives CEA.]

Figure 2.25. EL4 — Centrale EL4 des Monts d'Arrée à Brennilis.

• La centrale Chooz A-1 (le réacteur SENA) et Tihange

Entre temps, la France s'est aussi intéressée aux réacteurs navals (voir ci-dessous) faisant appel à la technologie de l'oxyde d'uranium enrichi à quelques pour cent et de l'eau pressurisée. Comme cela avait déjà été le cas aux États-Unis, la France a voulu valoriser le savoir-faire ainsi acquis pour des installations électronucléaires. En association avec la Belgique qui, avec BR-3 (11 MWé), a réalisé le premier réacteur à eau sous pression installé en Europe, la France réalisera, sous licence de la société américaine Westinghouse, à Chooz, dans les Ardennes, un prototype de puissance modeste (300 MWé) dit « CNA » (centrale nucléaire des Ardennes) qui fonctionnera de 1967 à 1991, exploité par la SENA (société d'électricité nucléaire des Ardennes). Le réacteur et les générateurs de vapeur étaient placés dans une caverne creusée dans la colline au flanc d'une boucle de la Meuse : cela permit d'éviter de construire une enceinte de confinement. Une deuxième caverne abritait les systèmes nucléaires auxiliaires. Le groupe turbo-alternateur (partie classique de la centrale) était placé sur la rive de la rivière.

Plus tard, la France participera aussi avec la Belgique aux études et à la réalisation du premier grand réacteur belge : Tihange (900 MWé, mis en service en 1975).

Pour ces deux opérations, un strict partage moitié-moitié des dépenses et de la production d'électricité a été réalisé malgré la différence de statuts des sociétés respectives : par exemple, une seule compagnie d'électricité en France — EdF — mais de nombreux producteurs en Belgique.

Le programme UNGG de Chinon-1 à Bugey-1

À la suite des réacteurs G1, G2 et G3 de Marcoule, Électricité de France avec l'aide du CEA, fera construire six centrales UNGG de puissance progressivement accrue.

Ces réacteurs sont aujourd'hui tous arrêtés à la fois pour des raisons économiques et des raisons de réglementation de sûreté (ils n'ont pas d'enceinte de confinement).

[© EDF. Médiathèque.]

Figure 2.26. Centrale EdF de Chinon.

Figure 2.27. La machine de chargement du combustible des premières centrales de Saint-Laurent-des-Eaux (Loir-et-Cher) pesait près de 500 tonnes et était entièrement télécommandée.

Tableau 2.2. Les six réacteurs UNGG réalisés pour EdF (Source : ELECNUC, édition 2004).

Réacteur	Puissance (MWé)	Mise en service	Arrêt
Chinon A-1	70	1963	1973
Chinon A-2	210	1965	1985
Chinon A-3	480	1966	1990
St Laurent A-1	480	1969	1990
St Laurent A-2	515	1971	1992
Bugey-1	540	1972	1994

Le programme « neutrons rapides »

Le CEA très actif dans ces divers développements qui ont surtout impliqué le centre de Saclay, l'a aussi été, mais surtout à Cadarache, sous la direction de Georges Vendryes, pour la filière des réacteurs à neutrons rapides.

• *Le prototype : Rapsodie*

En 1967 démarre Rapsodie, produisant 24 MWth (et 40 plus tard dans sa version Fortissimo). Jusqu'en 1982, on y a réalisé, pour les tester, les conditions thermiques et neutroniques visées pour un réacteur de puissance, mais sans production d'électricité.

[© CEA. Archives CEA.]

Figure 2.28. Le réacteur Rapsodie à Cadarache et la zone « neutrons rapides ».

• *Le réacteur de puissance : Phénix, puis Superphénix*

Ce sera Phénix à Marcoule (250 MWé) qui démarre en 1973 qui apportera la première démonstration complète de la filière à neutrons rapides refroidie au sodium.

L'échelle pré-industrielle, sera atteinte à l'étape suivante, Superphénix (1 200 MWé) à Creys-Malville démarrant en 1986. Cette centrale doit encore être considérée comme un prototype, c'est-à-dire qu'il ne faut pas attacher trop d'importance au surcoût notable

[© CEA. Archives CEA.]

Figure 2.29. Phénix : mise en place de la cuve principale du réacteur destinée à recevoir le cœur, le circuit primaire et les échangeurs (diamètre 12 m, hauteur 10 m).

[© CEA. Archives CEA.]

Figure 2.30. Le réacteur Phénix à Marcoule est actuellement utilisé dans le cadre de la loi du 30 décembre 1991 relative aux recherches sur la gestion à long terme des déchets radioactifs.

par rapport aux centrales à eau sous pression qu'EdF construira à la même époque et aux incidents techniques qui ont pu survenir. Quelque dix ans plus tard, ces incidents semblaient résolus et cette centrale commençait à produire normalement. L'arrêt définitif décidé en 1997 et effectif en 1998 n'a pas été justifié par des arguments techniques ou économiques ; il a résulté d'une promesse électorale sans doute hâtive. (Voir le chapitre suivant.)

Les chercheurs ne peuvent que regretter que cet outil irremplaçable ait été abandonné lorsque d'importants programmes d'irradiation préparés dans le cadre de la loi de 1991 (dont nous reparlerons) allaient y être mis en place ; Phénix ne peut pallier que très partiellement cet abandon.

Le programme d'armes nucléaires, le PAT et le Redoutable

En 1954, Pierre Mendès France, président du Conseil, envisage de doter la France de l'arme nucléaire à titre de dissuasion ; un Bureau d'études générales est créé au CEA pour étudier un prototype de bombe, ainsi qu'un sous-marin nucléaire. La décision de lancer les réalisations sera prise par Félix Gaillard, puis confirmée par Charles de Gaulle. Cette décision s'accompagne du choix d'un site d'expérimentation : Reggane dans le Sahara. Dès 1960, sous la Présidence de Charles de Gaulle, trois explosions ont lieu.

Les événements d'Algérie vont obliger à rechercher un autre site : en 1962, est créé le Centre d'expérimentation du Pacifique (CEP) ; il sera utilisé à partir de 1966 ; la décision d'une ultime série d'essais (dernière explosion en 1996) est prise par Jacques Chirac, avant un moratoire définitif.

Dans un premier temps, l'arme nucléaire utilise le plutonium des piles à graphite de Marcoule. Quelques années plus tard, sera lancée une usine de production d'uranium très enrichi à Pierrelatte (Drôme), qui sera fonctionnelle à partir de 1967.

L'uranium très enrichi permet à la France de mettre au point l'arme thermonucléaire (premier essai en 1968) ; outre l'usine de Pierrelatte pour l'uranium, deux réacteurs dévolus, Célestin 1 et 2, à Marcoule, démarrent en 1967 pour la production de tritium[13].

En parallèle, un programme de sous-marins à propulsion nucléaire est lancé, car une dissuasion efficace suppose des lanceurs impossibles à détecter. (Le premier sous-marin nucléaire fut « Le Nautilus » américain lancé en 1954 ; il sera suivi de nombreux autres navires nucléaires aux États-Unis, en URSS et en Grande-Bretagne.) Dès 1960, la construction d'un prototype à terre (PAT) démarre à Cadarache (divergence en 1964), utilisant un uranium enrichi fourni par les États-Unis. Viendra ensuite, en 1975, la CAP (chaudière avancée de propulsion) qui sera rénovée en 1987-1989 sous la dénomination de RNG (réacteur de nouvelle génération).

Après « Le Redoutable », lancé en 1971 et désarmé en 1991, huit autres sous-marins lanceurs d'engins (SNLE) vont être réalisés, ainsi que six sous-marins d'attaque (SNA) et le porte-avions Charles-de-Gaulle lancé en 1999.

(On trouvera au chapitre suivant davantage de détails sur ces thèmes.)

[© ECPAD France.]

Figure 2.31. Première plongée du sous-marin atomique le Redoutable.

[13] L'arme thermonucléaire utilise la réaction de fusion deutérium-tritium ; le deutérium est un isotope naturel de l'hydrogène ; le tritium (hydrogène 3) est radioactif avec une période de décroissance de 12 ans et doit donc être renouvelé : on le fabrique par irradiation de lithium par des neutrons. La réaction thermonucléaire doit être déclenchée par une « allumette » qui est une bombe à fission ; pour jouer ce rôle, l'uranium 235 est préférable au plutonium.

La création de l'IPSN et de la DSIN

C'est dans la première moitié du XXe siècle que l'on prend progressivement conscience du danger des rayonnements radioactifs[14]. Dès le démarrage des premiers réacteurs, les techniciens connaissent parfaitement les dangers potentiels de ces machines, soit directement par les rayonnements (neutrons et photons) qui s'échappent du cœur, soit indirectement par la radioactivité des produits qui se sont formés (produits de fission, actinides artificiels, produits d'activation) qui doit être soigneusement confinée. Pour arrêter les premiers, on doit placer des murs suffisamment épais pour protéger le matériel et le personnel ; pour les seconds, il faut veiller à éviter tout accident et, au cas où il se produirait néanmoins, prévoir les mesures de mitigation pour en réduire le plus possible les conséquences néfastes[15], et organiser une gestion stricte des combustibles irradiés extraits des réacteurs et des autres déchets nucléaires.

Contrairement à se qui se passait dans la plupart des industries, la démarche de sûreté a été introduite très tôt et s'est élaborée de façon très rigoureuse, notamment en France sous l'impulsion de Jean Bourgeois. Pour simplifier, disons qu'elle va s'organiser autour de trois acteurs principaux :

1/ l'exploitant (des centrales nucléaires, par exemple) responsable, en tout état de cause, du bon fonctionnement des installations ;

2/ une Autorité de sûreté nucléaire (ASN, devenue Haute Autorité de sûreté nucléaire [HASN] par la loi du 13 juin 2006) délivrant, au vu de dossiers très précis et complets, les autorisations d'exploitation ; en France, ce sera la DSIN (Direction de la sûreté des installations nucléaires) et l'OPRI (Office de protection contre les rayonnements ionisants), et aujourd'hui la DGSNR (Direction générale de la sûreté nucléaire et de la radioprotection) ;

3/ un organisme de soutien technique ; en France, l'IPSN (Institut de protection et sûreté nucléaire), aujourd'hui IRSN (Institut de radioprotection et de sûreté nucléaire, regroupant l'IRSN et l'essentiel de l'OPRI).

Par ailleurs, des plans d'urgence sont prévus et testés à l'avance par des exercices pour organiser le plus efficacement possible les interventions en cas d'accident.

La création de l'INSTN

Mettre en place un programme de développement industriel de l'énergie nucléaire et les analyses de sûreté associées ne se fait pas sans une solide action de formation associée. Au CEA, à EdF, dans l'industrie, de nombreux spécialistes de la physique et de la technologie des réacteurs sont nécessaires. C'est la raison pour laquelle de vigoureuses actions de recyclage de spécialistes des énergies classiques et de formation des jeunes générations seront réalisées.

La principale sera prise à l'initiative du directeur du Centre d'études nucléaires de Saclay, Jean Debiesse, en liaison avec les établissements d'enseignement, notamment la

[14] La Commission internationale de protection radiologique (CIPR) est créée en 1928 ; le Comité scientifique des Nations unies pour l'étude des effets des rayonnements ionisants (UNSCEAR) en 1955.

[15] Dès 1966, l'opinion américaine s'inquiète du « syndrome chinois » : en cas de fusion du cœur, la matière liquéfiée (corium) pourrait percer la cuve et s'enfoncer... jusqu'aux antipodes (en l'occurrence, la Chine). Le célèbre rapport Rasmussen (1974) amènera à une vue plus rationnelle des scénarios possibles et de leurs probabilités d'occurrence.

faculté d'Orsay : la création, le 18 juin 1956, de l'Institut national des sciences et techniques nucléaires (INSTN) en périphérie du centre de Saclay, hors enceinte. Cet institut aura un statut original : géré par le CEA, il sera aussi placé sous la tutelle du Ministère de l'Éducation nationale, à la demande de Frédéric Joliot, devenu professeur à la faculté des sciences. L'INSTN aura à organiser les enseignements de base de caractère universitaire (Génie atomique, DEA de Physique des réacteurs, etc.) et de très nombreuses sessions d'études, plus courtes, sur tous les thèmes touchant de près ou de loin au nucléaire.

Figure 2.32. L'Institut national des sciences et techniques nucléaires, à l'époque de sa création.

Parmi les moyens pédagogiques mis à la disposition des étudiants notons le réacteur d'enseignement Ulysse, pouvant monter à 100 kW, mis en service en 1961. C'est un outil irremplaçable pour les travaux pratiques illustrant la neutronique, encore aujourd'hui très prisé par les étudiants. Un deuxième réacteur Ulysse, lui aujourd'hui arrêté, a été construit à Strasbourg.

Figure 2.33. Réacteur Ulysse à l'INSTN.

Figure 2.34. Francis Perrin devant le tableau de contrôle d'Ulysse, le jour de l'inauguration.

Les développements de la « neutronique analytique »

Nous avons vu que les notes rapportées des États-Unis par Kowarski, Guéron et Goldschmidt furent fort utiles pour démarrer, en France, les études de réacteurs et en particulier pour concevoir Zoé. Très vite cependant des développements originaux furent menés : une « École française de neutronique » s'est créée à cette époque, animée par Jacques Yvon (qui sera par la suite haut-commissaire) et les chercheurs du prestigieux Service de physique mathématique, notamment Jules Horowitz (qui sera par la suite le directeur des Piles atomiques, puis de la Recherche fondamentale au CEA).

[© CEA. Archives CEA.]

Figure 2.35. Jacques Yvon (1903-1979) fut chef du Service de physique mathématique, puis haut-commissaire (1970-1975).

[© CEA. Archives CEA.]

Figure 2.36. Jules Horowitz (1921-1995) débuta sa carrière au Service de physique mathématique ; il fut ensuite directeur des Piles atomiques, puis de la Recherche fondamentale du CEA.

• *Les études de réseaux*

Nous avons vu au chapitre précédent qu'un formulaire assez simple, recalé grâce à quelques expériences bien conçues, a suffi aux pionniers pour concevoir et réaliser les premières expériences critiques ; par exemple, la hauteur critique d'eau lourde de la pile Zoé de Fontenay-aux-Roses a été prédite à quelques centimètres près malgré les incertitudes qu'apportait l'utilisation d'oxyde d'uranium et non d'uranium métallique.

Avec les premières machines industrielles, par exemple, en France, les piles G1, G2 et G3 de Marcoule, puis les réacteurs UNGG, des calculs de cœur plus précis sont devenus nécessaires. Deux paramètres caractérisent essentiellement le « réseau » qui constituent le cœur : le diamètre des barreaux d'uranium et leur écartement (c'est-à-dire le pas du réseau carré ou triangulaire des briques de graphite percées d'un canal central où sont glissés les barreaux d'uranium). Hormis les possibilités de refroidissement, le premier paramètre conditionne l'« autoprotection » des résonances de l'uranium 238 dans le domaine des neutrons épithermiques (intermédiaires entre les neutrons rapides de la fission et les neutrons thermalisés), c'est-à-dire l'intensité effective de la capture des neutrons dans ces résonances; le second paramètre conditionne le « rapport de modération » (volume de graphite divisé par le volume d'uranium) : il faut trouver l'optimum entre un rapport trop petit pour lequel les neutrons, mal ralentis, disparaissent trop dans les captures stériles par les résonances de l'uranium 238 et un rapport trop grand pour lequel les neutrons thermiques disparaissent trop dans les captures stériles par le graphite.

Les principales inconnues sont, d'une part, le facteur η de l'uranium 235 (nombre moyen de neutrons émis par fission lorsque ce noyau absorbe un neutron) difficile à mesurer avec précision et, d'autre part, les nombreuses résonances. Comme l'avait déjà montré Fermi, ces dernières peuvent être caractérisées globalement et approximativement par deux paramètres A et B :

$$I_{\text{eff}} \simeq A + B\sqrt{S_u/M_u}$$

ou

$$I_{\text{eff}} \simeq A + B\, S_u/M_u,$$

formules dans lesquelles S_u et M_u sont la surface et la masse des barreaux d'uranium.

Des mesures de capture résonnante par Eric Hellstrand avaient fourni des valeurs de A et B.

Mais, pour déterminer plus précisément les trois paramètres η, A et B, une expérience critique, Marius, similaire à la pile de Fermi, fut montée à Marcoule en 1960 (et par la suite déplacée à Cadarache) : par un jeu de mécano on pouvait réaliser différents pas, et on pouvait charger du combustible de différents diamètres. En combinant ainsi diverses configurations, on a pu ajuster avec précision les valeurs numériques de η, A et B. Pour explorer un plus grand nombre de configurations, les physiciens mirent au point une technique expérimentale dite de « substitution progressive » consistant à remplacer le réseau de référence par le réseau étudié dans une petite partie centrale d'un cœur au réseau de référence; cela évite d'avoir à constituer systématiquement un cœur complet.

La pile Marius n'explorait que les réseaux à température ambiante; comme les trois paramètres que nous évoquions dépendent de la température, on construisit, à Cadarache, à côté de Marius, la pile César pouvant être chauffée à quelques centaines de degrés de façon à explorer la plage des températures des réacteurs de puissance (divergence : 1964).

Pour l'exploration des filières à eau lourde et à eau ordinaire, des expériences similaires furent réalisées. Par exemple, Minerve divergea à Fontenay-aux-Roses le 29 septembre 1959 (cette pile sera par la suite déplacée, elle aussi, à Cadarache).

• *Les développements analytiques*

L'exemple de la méthode de substitution progressive montre que les expériences ne sont pas de simples réalisations matérielles mais mettent aussi en œuvre, tant pour leur conception que pour leur interprétation, des développements théoriques importants.

En parallèle à ces programmes expérimentaux, les théoriciens de la physique des réacteurs apportèrent aussi des améliorations sensibles aux formulaires, tels ceux du calcul des réseaux. En voici trois exemples.

1/ La théorie du facteur de fission rapide ε : il s'agit de définir très précisément comment est fait le bilan neutronique et de séparer ce qui ressort de ce facteur et ce qui sera pris en compte par le facteur antitrappe p.

2/ Le modèle ABH (Amouyal-Benoist-Horowitz) permettant d'obtenir avec précision le niveau de flux thermique dans le combustible rapporté à celui dans le modérateur, nécessaire pour calculer convenablement le facteur d'utilisation thermique f.

3/ Le calcul du coefficient de diffusion moyen dans un réseau hétérogène combustible-canal de refroissement-modérateur qui conditionne l'aire de migration M^2. Il s'agit d'un problème d'homogénéisation très délicat, que le Britannique D.J. Behrens avait examiné dès 1949 et qui fut repris et traité avec un minimum d'approximations par Pierre Benoist (thèse d'État, 1964).

• Les premiers codes de calcul

Les premiers ordinateurs apparurent dans les laboratoires de recherche à la fin des années 1950. Les physiciens et ingénieurs comprirent rapidement le parti à en tirer.

Dans un premier temps, on commença par programmer les formules simples que l'on utilisait jusqu'ici. Cela permit d'obtenir en quelques secondes des résultats qui nécessitaient alors des heures fastidieuses (et combien bruyantes !) de travail sur les machines à calculer électromécaniques. Les ingénieurs, qui faisaient souvent appel à des équipes de techniciens spécialisés, purent désormais préparer le plus souvent eux-mêmes leurs paquets de cartes perforées qu'ils allaient confier à l'opérateur de l'ordinateur centralisé. Malheur à qui laissait tomber sa boîte de cartes !

• Les premières résolutions numériques

Très vite, cependant, des calculs plus ambitieux vont être envisagés. Un exemple typique est celui du modèle de thermalisation de Michel Cadilhac : ce modèle ramène le calcul du spectre des neutrons thermiques à la résolution d'une équation différentielle du second ordre. Cette résolution ne peut pas être faite analytiquement, mais un calcul numérique avec quelques dizaines de points en énergie est à la portée de ces premiers ordinateurs.

C'est aussi au début de la décennie 1960 qu'apparurent les premières simulations Monte-Carlo du cheminement des neutrons; cette méthode, déjà imaginée par Fermi[16] et ses collaborateurs, consiste à simuler dans l'ordinateur le cheminement des neutrons en respectant tous les aspects stochastiques : probabilités de choc, événements qui en résultent, etc. Par exemple, des calculs Monte-Carlo ont permis à cette époque d'ajuster les formules prenant en compte les rétrodiffusions de neutrons (sortie du combustible et

[16] Dans le cadre de ses réflexions sur la neutronique, à la fin des années 1930, Fermi n'avait pas les moyens de calculs suffisants pour mettre en œuvre cette idée. Mais en 1954, peu de temps avant sa mort, Fermi inventa l'« expérimentation numérique » à propos d'un problème de conduction de la chaleur simulé grâce à l'ordinateur MANIAC construit en 1952 sous la houlette du mathématicien John von Neumann.

renvoi par le modérateur) et les interactions (sortie d'un combustible et entrée dans un autre combustible) intervenant dans le calcul du facteur de fission rapide ε[17].

Pour chacune des principales filières de réacteurs, des codes de calcul vont être élaborés. C'est ainsi que, par exemple en France, fut mit au point CORÉGRAF (code de calcul des réseaux à graphite) intégrant, pour les calculs des réacteurs de la filière UNGG alors développée, les divers modèles que nous venons d'évoquer. Des codes similaires CRUEL (calcul des réseaux uranium eau lourde), ÉVEREST et HÉTAIRE traiteront des filières eau lourde, eau ordinaire et neutrons rapides, auxquelles on s'intéressait aussi.

Outre les codes de réseau, la neutronique nécessite des calculs de cœur. Citons à titre d'exemple RIFIFI, qui réalisait le calcul des configurations à une dimension par des formules analytiques mais fastidieuses (mettant en œuvre, par exemple, des fonctions de Bessel pour les géométries à symétrie cylindrique). Très vite, les ingénieurs voulurent traiter des cas à deux dimensions : là le traitement numérique s'impose. Citons DAIXY (diffusion $x - y$) et HECTOR (méthode hétérogène où le réseau est schématisé par des « fils » combustibles plongés dans le modérateur). Les calculs à trois dimensions (par exemple, avec le code américain CITATION) resteront, à l'époque, exceptionnels car trop coûteux.

Notons enfin que tous ces calculs de réseaux et de cœurs doivent, s'il s'agit de réacteurs de puissance, prendre aussi en compte l'évolution du combustible : apparition des produits de fission et modification de la composition en noyaux lourds.

La découverte du phénomène d'Oklo

Si elle n'avait pas une finalité particulière, la production d'énergie dans le phénomène d'Oklo fut néanmoins considérable ! L'histoire se place quelque deux milliards d'années avant l'apparition de l'Homme sur Terre !

L'affaire débute en mai 1972 par une énigme : la compagnie exploitant le gisement d'uranium d'Oklo, au Gabon, procède à des analyses de routine de sa composition isotopique. La teneur massique de l'isotope 235 est toujours de l'ordre de 0,711 % quels que soient les gisements, mais le troisième chiffre peut parfois varier ; c'est pour le déterminer exactement que l'on procède à de telles analyses. Ce jour-là surprise ! Ce n'est pas le troisième chiffre qui diffère de la norme usuelle, mais le deuxième et même, quelques jours plus tard, le premier. Dans ces échantillons, la teneur est plus faible que la teneur normale. On pense évidemment d'abord à une erreur de mesures ; mais il faut se rendre à l'évidence, elles sont correctes.

Les physiciens des réacteurs de Saclay et de Fontenay-aux-Roses sont rapidement informés de l'incident et l'explication s'impose : l'uranium d'Oklo est appauvri parce qu'il y a eu une réaction en chaîne de fissions qui a consommé une partie de l'uranium 235. L'hypothèse sera confirmée par l'analyse d'éléments rares présents dans la matrice, tel le néodyme : sa composition isotopique n'est pas celle de l'élément naturel mais celle, très différente, du néodyme produit par fission (l'examen attentif des chiffres permettra même de déterminer précisément les proportions de néodyme d'origine naturelle et de néodyme

[17] On a là un exemple d'expérimentation numérique dans le domaine de la neutronique : la simulation Monte-Carlo remplace une expérimentation beaucoup plus délicate... et coûteuse ! Noter que l'expérimentation numérique ne répond pas à tout, en neutronique notamment : seules des mesures peuvent fournir les sections efficaces. Mais elle sera de plus en plus utilisée pour la validation des codes de calcul.

de fission). Le 25 septembre 1972, cette découverte fait l'objet de deux communications à l'Académie des Sciences.

Dans les mois et années qui suivent, de nombreuses analyses sont réalisées par des laboratoires universitaires et du CEA s'intéressant à la géologie et au nucléaire. Une synthèse des recherches est faite lors d'un colloque à Libreville (Gabon), en juin 1975, organisé par l'AIEA à l'initiative de la République du Gabon et du CEA. Le CEA chargera Roger Naudet de la coordination des recherches : l'épais volume de synthèse qu'il publiera en 1991 se lit comme un roman !

[© CEA. Hosatte.]

Figure 2.37. Vue de la carrière d'Oklo au Gabon. À droite, le sarcophage où a été préservée la zone de réaction n° 2.

Le phénomène s'explique par son ancienneté et par les particularités géologiques d'Oklo.

1/ L'ancienneté : il y a deux milliards d'années, compte tenu de la période radioactive de l'uranium 235 (700 millions d'années) plus courte que celle de l'uranium 238 (4,5 milliards d'années), la teneur en isotope fissile n'était pas comme actuellement de 0,7 % mais de l'ordre de 3 %; c'est précisément la teneur adéquate adoptée aujourd'hui dans les réacteurs à eau.

2/ Les particularités géologiques : teneur exceptionnelle du gisement (par endroit, l'uranium constitue plusieurs dizaines de pour cent en masse), dimensions appréciables (se chiffrant en mètres), eau imprégnant le terrain. Il y a là toutes les caractéristiques nécessaires pour obtenir un facteur de multiplication suffisant, comme le confirment les calculs de neutronique faits par les physiciens des réacteurs. Autre particularité exceptionnelle : la préservation du site qui ne s'est pratiquement pas modifié depuis les réactions en chaîne d'il y a deux milliards d'années et qui nous a permis de retrouver, en place, l'uranium appauvri et certains produits de fission.

Seize foyers de réaction ont été mis en évidence. Il est vraisemblable que, régulées par les très lents transferts thermiques, les coefficients de température négatifs (le facteur de multiplication décroît si la température croît) et les poisons consommables tels le bore ou le gadolinium (ces corps, grands absorbants de neutrons, sont petit à petit détruits par l'irradiation neutronique, ce qui apporte la réactivité nécessaire à la poursuite du processus), les réactions en chaîne ont été très longues, sans doute de l'ordre de 500 000 ans, mais limitées à quelques watts. Globalement, l'énergie libérée a été du même ordre de grandeur que celle que l'homme d'aujourd'hui libère en quelques microsecondes dans une explosion nucléaire ou en quelques années dans une centrale électronucléaire.

[© CEA.]

Figure 2.38. L'un des seize réacteurs naturels découverts dans la mine d'uranium d'Oklo.

De tels « réacteurs fossiles » n'ont pas été retrouvés ailleurs et il est très peu probable qu'on en retrouve d'autres vu les circonstances exceptionnelles d'Oklo, notamment l'âge du gisement.

Pour conclure sur ce thème, notons que, plus récemment, les chercheurs se sont à nouveau intéressés à Oklo en tant qu'« analogue naturel » d'un stockage de déchets radioactifs qui, tout compte fait, s'est révélé particulièrement efficace !

3 La maturité de l'énergie nucléaire

L'optimisme

Comme le montre le tableau ci-dessous, les six pays qui se sont lancés, sans aide extérieure et indépendamment l'un de l'autre, dans la course aux centrales nucléaires, les États-Unis, l'URSS, le Royaume-Uni, la France, le Canada et la Suède, ont produit leurs premiers kilowatts nucléaires dans la décennie 1950 (pour les quatre premiers) ou au début des années 1960 (pour les deux derniers). Dans tous les cas, il ne fallut qu'une dizaine d'années pour passer à une étape industrielle (de façon quelque peu arbitraire, nous avons caractérisé ce passage par la date du couplage du premier réacteur atteignant ou dépassant 200 MWé). D'autres pays les ont suivis de près, mais en partant d'une licence, et ont franchi rapidement les étapes : l'Allemagne ou le Japon figurant dans le tableau ont poursuivi l'effort; d'autres, tels l'Italie, sont partis tôt également, puis ont par la suite renoncé au nucléaire. Les pays qui ont démarré leurs programmes dans les années 1970, tels la Corée du Sud, se sont d'emblée équipés de centrales de grande puissance. Certains pays, tels l'Inde, sont aussi partis tôt dans la course mais n'ont réalisé que des centrales de puissance modeste; d'autres, tels la Chine, n'ont aujourd'hui qu'un nombre limité de centrales nucléaires mais vont certainement rapidement rejoindre les grands pays nucléaires. (Dans ce tableau ne sont cités que les dix premiers pays en terme de puissance nucléaire installée actuellement; dans la suite de ce chapitre, on trouvera le parc électronucléaire mondial exhaustif.)

Dans les pays pionniers, les premières réalisations se sont faites dans une ambiance de grand optimisme : le nucléaire jouissait d'une image positive dans l'opinion, malgré Hiroshima et Nagasaki; les prévisionnistes de l'époque voyaient un parc mondial de centrales nucléaires considérable à l'horizon de la fin du XXe siècle. Mais, à l'exception notable de la France qui produit aujourd'hui les trois quarts de son électricité par des centrales nucléaires, ces prévisions se sont presque toujours révélées trop optimistes : certains pays ont poursuivi l'effort mais à un rythme moins soutenu, d'autres, tels les États-Unis ont arrêté toute réalisation de centrales. Aujourd'hui, c'est vers les pays d'Extrême Orient (Corée du Sud, Taïwan, Chine) qu'il faut se tourner pour observer les développements les plus actifs.

Il est clair que l'opinion, au départ souvent enthousiaste et par la suite quelque peu réticente avec la montée des mouvements écologistes, a influencé ces évolutions. À l'origine, c'est plutôt l'impact des retombées des essais nucléaires atmosphériques qui l'a inquiétée. Ensuite, surtout après les catastrophes de Three Mile Island et de Tchernobyl, c'est le risque de dispersion de radioactivité en cas d'accident sur un réacteur qui l'a préoccupée.

Tableau 3.1. Genèse et maturité de l'énergie nucléaire dans les dix pays les plus équipés aujourd'hui (source : ELECNUC, édition 2005).

PAYS	Production du premier kWh nucléaire	Couplage du premier réacteur dépassant 200 MWé	Nombre de réacteurs en fonctionnement (fin 2004)	Puissance installée (GWé) (fin 2004)	Électricité d'origine nucléaire (en 2004)	Expérience totale d'exploitation (fin 2004)
États-Unis	1951	1960	104	99	20 %	2 975 ans
France	1956	1965	59	63	78 %	1 405 ans
Japon	1963	1970	54	45	29 %	1 176 ans
Russie	1954	1964	31	22	16 %	791 ans
Allemagne	1961	1966	18	21	32 %	666 ans
Corée du Sud	1977	1977	19	16	38 %	239 ans
Ukraine	1977	1977	15	13	51 %	293 ans
Canada	1962	1971	17	12	15 %	509 ans
Royaume-Uni	1956	1965	23	12	19 %	1 354 ans
Suède	1964	1975	11	9	52 %	322 ans
MONDE	1951	1960	440	366	16 %	11 681 ans

Aujourd'hui, le problème du devenir des déchets est devenu l'inquiétude majeure des milieux antinucléaires.

Le lancement du programme REP français

Contrairement à la France et à la Grande-Bretagne qui se sont lancées dans les filières à uranium naturel faute de maîtriser la technologie de l'enrichissement, les États-Unis démarrent très tôt le développement des réacteurs à eau (ce modérateur, rappelons-le, nécessite l'utilisation d'un combustible enrichi à une teneur au moins de l'ordre de 3 %).

Au départ, sous la vigoureuse impulsion de l'amiral Hyman Rickover, le moteur de ce développement est la marine américaine qui a vu tout l'intérêt du réacteur nucléaire pour les sous-marins : absence de gaz d'échappement et autonomie de plusieurs mois (le facteur limitant dans ces navires est davantage la résistance nerveuse à l'isolement des membres de l'équipage que la disponibilité en énergie !). Le premier sous-marin nucléaire, nommé le Nautilus, en hommage à Jules Verne et à *Vingt mille lieues sous les mers*, est lancé le 21 janvier 1954. Il sera suivi de nombreux autres.

Rapidement la transposition au réacteur électronucléaire est faite par le même Rickover : le 2 décembre 1957, quinze ans exactement après l'expérience cruciale de Fermi, est mis en service un réacteur de 60 MWé à Shippingport en Pennsylvanie, construit par la société Westinghouse. En parallèle à cette technologie « eau sous pression » (PWR, pressurized water reactor), les États-Unis étudient la technologie « eau bouillante » (BWR, boiling water reactor). Le 15 mars 1960, un réacteur de ce type, Dresden, 200 MWé est couplé au réseau. Moins de vingt ans plus tard, plus de cent réacteurs à eau, se partageant entre les technologies PWR (eau pressurisée, développée par Westinghouse, par Babcock & Wilcox et par Combustion Engineering) et BWR (eau bouillante, développée par General Electric), fourniront près du quart de l'électricité américaine.

En France, nous l'avons vu, un développement rapide de l'énergie nucléaire est prôné. Pendant la décennie 1960, dans les conclusions de ses travaux, la Commission PEON (commission consultative pour la production d'électricité d'origine nucléaire) recommande vivement le développement de l'énergie nucléaire pour pallier le manque quasi total de sources d'énergie sur le territoire national. Ces années sont aussi l'occasion d'un réexamen sans concession des principales filières. Des divergences entre les deux principaux partenaires, EdF et le CEA, apparaissent. Pour faire toute la lumière sur cette « guerre des filières », un rapport technique est demandé à Jean Cabanius, directeur de l'équipement à EdF, et à Jules Horowitz, directeur des piles atomiques au CEA : leurs conclusions (1967) laissent clairement apparaître entre le coût du kilowattheure produit par une centrale UNGG et une centrale de type américain PWR de même puissance (500 MWé) une différence d'au moins 20 % en faveur de cette dernière. Cependant, le gouvernement engage deux centrales UNGG[1] à réaliser à Fessenheim, dans le Haut-Rhin, tout en poursuivant, en collaboration avec la Belgique, une expérience industrielle sur les réacteurs à eau sous pression (SENA puis Tihange). Très vite, toutefois, on assistera à un retournement de situation : le 13 novembre 1969, au grand dam de la plupart des physiciens du CEA, la décision est prise par le gouvernement, en Conseil interministériel restreint présidé par le nouveau président de la République, Georges Pompidou, de s'orienter vers la filière des réacteurs à eau estimée économiquement plus attrayante que la filière UNGG : les deux arguments essentiels sont, d'une part, l'effet de taille (un réacteur à eau est beaucoup plus compact qu'un réacteur à graphite) et, d'autre part, l'assise industrielle des grandes sociétés américaines.

Le développement de Framatome et la francisation du REP

Dans ce contexte, deux sociétés françaises se préparent : Framatome (société franco-américaine de constructions atomiques) devient licencié de Westinghouse pour la technologie PWR et le groupe CGE (compagnie générale d'électricité, devenue en 1991 Alcatel-Alsthom) de General Electric pour la technologie BWR. En effet, il est prévu de développer à parité ces deux filières de réacteurs à eau.

EdF qui s'était donc quelque peu initiée à la technologie des réacteurs à eau avec ses participations à Chooz (mise en service en 1967[2]) et à Tihange (mise en service en 1975 par la SEMO, société belgo-française d'énergie nucléaire mosane) est autorisée à lancer, en 1970, la construction, au lieu des deux réacteurs UNGG initialement prévus, de deux unités REP (réacteurs à eau sous pression) de 900 MWé à Fessenheim (elles seront couplées au réseau en 1977), puis quelques années après de quatre autres à Bugey, dans l'Ain[3] : c'est le contrat dit CP0 (contrat programme zéro).

Les deux unités REB (réacteur à eau bouillante) également engagées à cette époque seront finalement annulées, car s'avérant sensiblement plus coûteuses (Conseil interministériel du 4 août 1975). À la suite du choc pétrolier de 1973, le contrat CP0 sera suivi

1 Le Général de Gaulle était l'un des plus fervents à soutenir cette filière nationale.
2 Voir le chapitre précédent.
3 Sur le site où fut construit le dernier réacteur de la filière UNGG.

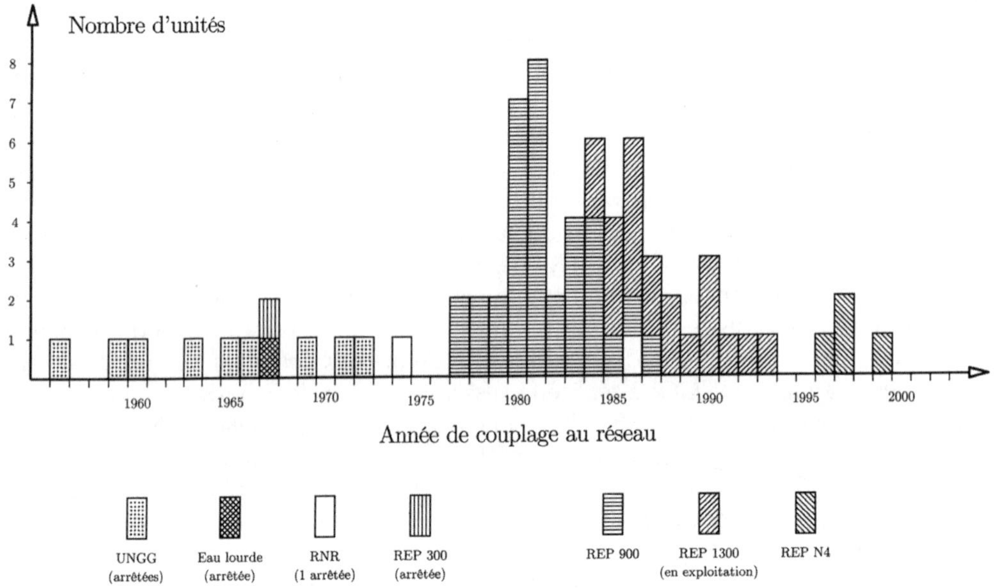

Figure 3.1. Parc électronucléaire français.

des contrats CP1 (18 unités de 900 MWé)[4], CP2 (10 unités de 900 MWé), puis P4 (8 unités de 1 300 MWé), P'4 (12 unités de 1 300 MWé) et finalement N4 (4 unités de 1 450 MWé, la dernière couplée au réseau en 1999), concernant uniquement la technologie à eau sous pression et impliquant tous Framatome.

La standardisation des séries de réacteurs français contribuera de façon essentielle à leur succès technique et économique. Comme le dira Ivan Selin, président de l'autorité de sûreté américaine : « Les Français ont 100 fromages différents et un modèle de centrales, nous c'est l'inverse ! »[5].

Avec ces 58 réacteurs à eau sous pression mis en service sur à peine plus de vingt ans, Framatome, avec l'aide du CEA, a pu se libérer complètement, à partir de 1982, des accords de licence avec Westinghouse et franciser la technologie sous la dénomination « REP » : la technologie des N4 est purement française.

Toutes ces décisions qui ont amené la France en tête des nations équipées de centrales nucléaires furent commentées, avec un humour très britannique, par Lord Marshall, président de l'équivalent anglais d'EdF : « La France n'avait pas de pétrole, la France n'avait pas de gaz, la France n'avait pas de charbon, la France n'avait pas le choix ! »[6].

[4] Le « plan Messmer » (du nom de Pierre Messmer, premier ministre à l'époque), considéré comme le véritable acte de naissance du programme électronucléaire français, est lancé le 6 mars 1974.
[5] Cité par Félix Torres et Véronique Lefebvre, *Chooz de A à B*, EdF, 1996, p. 159.
[6] Cité par Pierre Tanguy, *Le Nucléaire*, Éditions Le Cavalier Bleu, p. 101.

[© EDF. Médiathèque.]

Figure 3.2. Fessenheim, premiers réacteurs du contrat "CP0". Ces réacteurs sont refroidis par le Rhin.

[© Droits réservés.]

Figure 3.3. Centrale nucléaire de Bugey. Noter, au premier plan le réacteur UNGG (arrêté). Les réacteurs à eau sous pression sont refroidis par aéroréfrigérants.

Figure 3.4. Saint-Laurent-des-Eaux sur la Loire ; à gauche : deux réacteurs UNGG (arrêtés) ; à droite : deux réacteurs REP-900.

Figure 3.5. Centrale nucléaire de Paluel en Seine Maritime : quatre réacteurs REP-1 300 refroidis par la mer.

Tableau 3.2. Centrales électronucléaires françaises en fonctionnement (source : CEA, informations sur l'énergie).

Unité	Puissance (MWé)	Type	Connexion au réseau
Belleville-1	1310	REP (P'4)	14/10/1987
Belleville-2	1310	REP (P'4)	06/07/1988
Blayais-1	910	REP (CP1)	12/06/1981
Blayais-2	910	REP (CP1)	17/07/1982
Blayais-3	910	REP (CP1)	17/08/1983
Blayais-4	910	REP (CP1)	16/05/1983
Bugey-2	910	REP (CP0)	10/05/1978
Bugey-3	880	REP (CP0)	21/09/1978
Bugey-4	880	REP (CP0)	08/03/1979
Bugey-5	900	REP (CP0)	31/07/1979
Cattenom-1	1300	REP (P4)	13/11/1986
Cattenom-2	1300	REP (P4)	17/09/1987
Cattenom-3	1300	REP (P4)	06/07/1990
Cattenom-4	1300	REP (P4)	27/05/1991
Chinon B-1	920	REP (CP2)	30/11/1982
Chinon B-2	920	REP (CP2)	29/11/1983
Chinon B-3	920	REP (CP2)	20/10/1986
Chinon B-4	920	REP (CP2)	14/11/1987
Chooz B-1	1455	REP (N4)	30/08/1996
Chooz B-2	1455	REP (N4)	10/04/1997
Civaux-1	1450	REP (N4)	24/12/1997
Civaux-2	1450	REP (N4)	24/12/1999
Cruas Meysse-1	915	REP (CP2)	29/04/1983
Cruas Meysse-2	915	REP (CP2)	06/09/1984
Cruas Meysse-3	915	REP (CP2)	14/05/1984
Cruas Meysse-4	915	REP (CP2)	27/10/1984
Dampierre-1	890	REP (CP1)	23/03/1980
Dampierre-2	890	REP (CP1)	10/12/1980
Dampierre-3	890	REP (CP1)	30/01/1981
Dampierre-4	890	REP (CP1)	18/08/1981
Fessenheim-1	880	REP (CP0)	06/04/1977
Fessenheim-2	880	REP (CP0)	07/10/1977
Flamanville-1	1330	REP (P4)	04/12/1985
Flamanville-2	1330	REP (P4)	18/07/1986
Golfech-1	1310	REP (P'4)	07/06/1990
Golfech-2	1310	REP (P'4)	18/06/1993
Gravelines-1	915	REP (CP1)	13/03/1980
Gravelines-2	915	REP (CP1)	26/08/1980
Gravelines-3	915	REP (CP1)	12/12/1980
Gravelines-4	915	REP (CP1)	14/06/1981
Gravelines-5	915	REP (CP1)	28/08/1984
Gravelines-6	915	REP (CP1)	01/08/1985
Nogent-1	1310	REP (P'4)	21/10/1987
Nogent-2	1310	REP (P'4)	14/12/1988
Paluel-1	1330	REP (P4)	22/06/1984
Paluel-2	1330	REP (P4)	14/09/1984
Paluel-3	1330	REP (P4)	30/09/1985
Paluel-4	1330	REP (P4)	11/04/1986
Penly-1	1330	REP (P'4)	04/05/1990
Penly-2	1330	REP (P'4)	04/02/1992
Saint Alban-1	1335	REP (P'4)	30/08/1985
Saint Alban-2	1335	REP (P'4)	03/07/1986
Saint Laurent B-1	890	REP (CP2)	21/01/1981
Saint Laurent B-2	890	REP (CP2)	01/06/1981
Tricastin-1	880	REP (CP1)	31/05/1980
Tricastin-2	880	REP (CP1)	07/08/1980
Tricastin-3	880	REP (CP1)	10/02/1981
Tricastin-4	880	REP (CP1)	12/06/1981
Phénix	233	RNR	13/12/1973

Tableau 3.3. Parc électronucléaire mondial : puissance installée en GWé (nombre d'unités) au 31/12/2004 et part du nucléaire dans la production d'électricité en 2004 (source : CEA, ELECNUC, édition 2005).

Pays	Installé	En construction	Arrêté	Électricité nucléaire
États-Unis	99,2 (104)	-	9,6 (23)	20 %
France	63,4 (59)	-	4,0 (11)	78 %
Japon	45,5 (54)	3,2 (3)	0,3 (3)	29 %
Russie	21,7 (31)	3,8 (4)	0,8 (4)	16 %
Allemagne	20,7 (18)	-	5,6 (18)	32 %
Corée du Sud	15,9 (19)	1,0 (1)	-	38 %
Ukraine	13,1 (15)	1,9 (2)	3,5 (4)	51 %
Canada	12,1 (17)	-	3,6 (8)	15 %
Royaume-Uni	11,9 (23)	-	2,5 (22)	19 %
Suède	9,5 (11)	-	0,6 (2)	52 %
Espagne	7,6 (9)	-	0,5 (1)	23 %
Chine	6,6 (9)	2,0 (2)	-	2 %
Belgique	5,8 (7)	-	0,01 (1)	55 %
Taïwan	4,9 (6)	2,6 (2)	-	21 %
Rép. Tchèque	3,5 (6)	-	-	31 %
Suisse	3,2 (5)	-	-	40 %
Bulgarie	2,7 (4)	-	0,8 (2)	42 %
Finlande	2,7 (4)	-	-	27 %
Inde	2,5 (14)	4,1 (9)	-	3 %
Slovaquie	2,4 (6)	-	0,1 (1)	55 %
Brésil	1,9 (2)	-	-	3 %
Afrique du Sud	1,8 (2)	-	-	7 %
Hongrie	1,8 (4)	-	-	34 %
Mexique	1,3 (2)	-	-	5 %
Lituanie	1,2 (1)	-	1,2 (1)	72 %
Argentine	0,9 (2)	0,7 (1)	-	8 %
Slovénie	0,7 (1)	-	-	39 %
Roumanie	0,7 (1)	0,7 (1)	-	10 %
Pays-Bas	0,4 (1)	-	0,1 (1)	4 %
Pakistan	0,4 (2)	-	-	2 %
Arménie	0,4 (1)	-	0,4 (1)	39 %
Iran	-	0,9 (1)	-	-
Italie	-	-	1,4 (4)	-
Kazakhstan	-	-	0,1 (1)	-
MONDE	366,3 (440)	20,8 (26)	34,9 (108)	16 %

Les développements dans les autres pays

Les interdépendances industrielles plus ou moins fortes, les situations administratives passablement centralisées dans certains cas et régionalisées dans d'autres[7], l'implantation

[7] À titre d'exemple, notons qu'il n'y a qu'un seul producteur d'électricité nucléaire en France, EdF, mais qu'il y a eu jusqu'à 52 « nuclear utilities » aux États-Unis (actuellement 29) !

Tableau 3.4. Constructeurs de chaudières nucléaires : capacités totales en GWé (nombre d'unités) dont exportées et arrêtées (source : É. Bertel et G. Naudet, Économie de l'énergie nucléaire, EdP Sciences, 2004).

Constructeur	Pays	Capacités en GWé (nombre d'unités)		
		Construites	Exportées	Arrêtées
Amérique du Nord				
AECL	Canada	20,1 (34)	4,7 (11)	1,3 (3)
B&W	États-Unis	7,9 (10)	—	2,1 (3)
CE	États-Unis	14,1 (15)	—	0,9 (1)
GE	États-Unis	44,7 (58)	12,2 (18)	2,1 (5)
Westinghouse	États-Unis	73,1 (84)	22,5 (29)	4,7 (7)
Europe				
Indus. all. (1)	Allemagne	26,6 (28)	4,0 (5)	1,3 (4)
Framatome	France	73,3 (69)	10,4 (11)	—
ASEA Atom	Suède	9,0 (11)	1,7 (2)	0,6 (1)
Indus. brit. (2)	Royaume-Uni	14,5 (43)	0,2 (1)	2,0 (10)
Asie				
CNNC	Chine	0,9 (2)	0,3 (1)	—
KHIC	Corée du S.	3,8 (4)	—	—
DAE	Inde	1,6 (9)	—	—
Hitachi	Japon	6,7 (8)	—	—
Mitsubishi	Japon	15,0 (19)	—	—
Toshiba	Japon	14,3 (15)	—	—

(1) Principalement : AEG, Siemens et KWU. (2) Regroupée aujourd'hui au sein de NNC.

Tableau 3.5. Unités électronucléaires exportées par Framatome (ce sont toutes des réacteurs de 900 MWé). À noter aussi la participation aux centrales belges Tihange-1 et 2 et Doel-3.

Pays	Réacteur	Mise en service
Afrique du Sud	Koeberg-1	1984
	Koeberg-2	1985
Corée du Sud	Ulchin-1	1988
	Ulchin-2	1989
Chine	Guangdong (Daya Bay)-1	1994
	Guangdong (Daya Bay)-2	1994
	Ling Ao-1	2002
	Ling Ao-2	2003

variable des mouvements écologiques créent des situations extrêmement différentes selon les pays.

Pendant que la France qui n'a pas d'énergie nationale met en œuvre cet ambitieux programme, les États-Unis, bien pourvus, eux, en énergie fossile bon marché, arrêtent tout développement des réacteurs : dès 1974, des annulations sont enregistrées, et les travaux d'aucun réacteur ne démarreront après 1978. En 1994, on dénombrera 109 réacteurs en service et 118 annulations[8]. Les situations ailleurs sont très contrastées, allant de programmes relativement ambitieux (Allemagne, Belgique, Suède, Russie et pays de l'Est, Canada, Japon, etc.) à un rejet complet du nucléaire : par exemple, l'Italie qui a renoncé au nucléaire par référendum (1987) après avoir exploité quatre réacteurs ou l'Autriche qui a abandonné sa centrale de Zwentendorf, presque terminée, par référendum également (1978). Les gouvernements allemand et belge ont déclaré vouloir, à terme, se passer du nucléaire; mais la Suède diffère les arrêts de centrales décidés aussi par référendum en 1980 (prévoyant l'abandon du nucléaire en 2010) et envisage d'organiser une nouvelle consultation dans l'espoir de désavouer la précédente.

La création d'Eurodif

Revenons à la situation française. Il est clair que la décision d'adopter la filière des réacteurs à eau suppose d'acquérir aussi la capacité de produire de l'uranium enrichi car il est hors de question de compter sur les capacités étrangères trop assujetties au bon vouloir des producteurs et aux interdictions possibles de leurs gouvernements pour des motifs de non-prolifération. Nous avons vu que la France s'était lancée dans un programme de production d'uranium très enrichi à finalité militaire. C'est dire qu'avec l'usine de Pierrelatte utilisant la diffusion gazeuse elle avait acquis la technologie de l'enrichissement. Cette technologie va être reprise pour une nouvelle usine, appelée Georges Besse, située à Tricastin, dans la même région, destinée à la production d'uranium faiblement enrichi (moins de 5 %) à usage civil.

[© CEA. Archives CEA.]

Figure 3.6. Vue générale de l'usine Georges Besse d'Eurodif. Au premier plan, la centrale nucléaire EdF du Tricastin.

[8] Chiffres de 2002 : 104 réacteurs en fonctionnement, 138 commandes annulées. Outre les annulations, il faut noter l'allongement des délais de constructions dus aux changements des critères de sûreté et aux tracasseries administratives. Le record (23 ans) est détenu par le réacteur Watt Bar-1, commandé en 1970, dont les travaux ont commencé en 1973 et dont le couplage au réseau eut lieu en 1996.

Tableau 3.6. Capicités mondiales d'enrichissement, en millions d'UTS (source : CEA, informations utiles, 2004).

Sociétés	Pays	Procédé	Capacité nominale
USEC	États-Unis	Diffusion	18,8
MINATOM	Russie	Centrifugation	20
EURODIF	France	Diffusion	10,8
URENCO	All. + P. Bas + R.-U.	Centrifugation	4,5
JNFL/PNC	Japon	Centrifugation	1
CNNC	Chine	Diffusion	0,8
		Centrifugation	0,4
Autres	Argentine+Brésil+Pakistan	Diff./Tuyère/Centr.	0,035
Total			56,3

Avec l'apport de capitaux étrangers est créé en 1972 le GIE Eurodif pour la réalisation d'une usine de 10,8 millions d'UTS (unités de travail de séparation isotopique), ce qui assure l'approvisionnement en combustible nucléaire d'une centaine de tranches, soit environ le double des besoins français du parc REP actuel. La production d'Eurodif démarrera en 1978. Quatre REP de 900 MWé ont été construits sur le même site ; il faut la production de trois d'entre eux pour assurer le fonctionnement à pleine charge de l'usine d'enrichissement.

L'usine de retraitement de La Hague

Pour la production du plutonium nécessaire aux réacteurs à neutrons rapides et aux armes à partir du combustible irradié dans les réacteurs à graphite, la France avait aussi maîtrisé la technologie du retraitement, dans l'usine de Marcoule : procédé PUREX.

Le lancement du programme REP va s'accompagner non seulement des capacités industrielles nécessaires en amont des réacteurs, en particulier d'enrichissement de l'uranium, mais aussi celles concernant l'aval, c'est-à-dire essentiellement le retraitement des combustibles irradiés.

Ce retraitement a deux intérêts : d'abord il permet de séparer les déchets radioactifs, produits de fission et actinides mineurs (neptunium, américium, curium..., ainsi appelés car produits en quantités relativement peu importantes et sans usage industriel, au moins à court terme) ; deuxièmement et surtout, le retraitement permet de séparer et récupérer les actinides majeurs (uranium et plutonium) qui sont des matières nobles car susceptibles de produire encore de l'énergie. L'uranium sortant des REP après environ trois années d'irradiation a encore une teneur de l'ordre de 1 % en isotope 235 : on peut envisager de le ré-enrichir pour le recycler. Surtout, le combustible irradié contient environ 1 % en masse de plutonium. Ce dernier a une composition isotopique complexe à cause de la forte irradiation qu'il a subie, ce qui le rend impropre à une utilisation dans une arme. En revanche, c'est le combustible pratiquement idéal pour les réacteurs à neutrons rapides. Souvenons-nous que la France a toujours en tête de s'équiper à long terme en réacteurs à neutrons rapides ; pour le démarrage de ce parc, il faudra un stock conséquent de plutonium avant que la surgénération vienne le renouveler, voire l'accroître. Très naturellement, c'est sur les réacteurs à eau que l'on compte pour produire ce stock de plutonium. On voit ainsi que le raisonnement conduit logiquement au retraitement des combustibles irradiés dans les REP.

Tableau 3.7. Usines de traitement des combustibles usés (source : CEA, informations utiles, 2005).

Pays	Site	Capacité (t/an)	Combustible	Mise en service
Capacités existantes				
France	La Hague UP2	800	Oxyde	1976
	La Hague UP3	800	Oxyde	1990
Royaume-Uni	Sellafield	1 500	Métal	1964
	Sellafield (Thorp)	1 200	Oxyde	1994
Japon	Tokaï Mura	90	Oxyde	1977
Inde	Tarapour	60	Filière eau lourde ou oxyde	1982
Russie	Chelyabinsk	400	Oxyde	1984
Réalisations en cours				
Inde	Kalpakham	100	Filière eau lourde	—
Japon	Rokkashomura	800	Oxyde	—

[© CEA. Archives CEA.]

Figure 3.7. Ensemble industriel UP2 et vue générale de l'usine de retraitement de La Hague en cours de construction.

C'est ainsi que sont décidées les usines de retraitement. La première, UP1, à Marcoule, servait au retraitement du combustible métallique des réacteurs UNGG (UP1 fonctionnera de 1958 à 1997). À la deuxième, UP2, démarrant en 1966 à La Hague (Cotentin), initialement conçue également pour le retraitement du combustible UNGG, est ajouté en 1976 un atelier HAO (haute activité oxyde) pour lui permettre de traiter le combustible des REP et sa capacité sera portée à 800 t/an (1994). La troisième usine, UP3 (1990), de même capacité, également à La Hague, sera dévolue au retraitement du combustible de réacteurs à eau étrangers : des pays comme la Belgique, l'Allemagne ou le Japon, n'ayant pas leurs propres usines de retraitement, ont passé des contrats avec la France pour retraiter du combustible irradié dans leurs réacteurs[9]. Nous verrons que ce retraitement amènera finalement non pas aux réacteurs à neutrons rapides mais au recyclage du plutonium dans les REP eux-mêmes.

[9] Tous les produits du retraitement — matières nobles et déchets — sont renvoyés vers les pays d'origine.

Figure 3.8. Piscine d'entreposage avant conditionnement de déchets radioactifs à La Hague (vue générale).

Figure 3.9. Piscine d'entreposage avant conditionnement de déchets radioactifs à La Hague (boîtiers recevant les assemblages irradiés).

Superphénix : une bonne idée réalisée trop tôt

Après Rapsodie et Phénix qui ont permis la mise au point de la filière à neutrons rapides refroidie au sodium (RNR), et dans la suite logique de ce que nous venons de voir, est lancé, en 1977, le projet Superphénix. Il s'agit d'un projet très ambitieux, puisqu'il fait passer, sans étape intermédiaire, du prototype de 250 MWé (Phénix) au réacteur de taille industrielle (1 200 MWé).

[© CEA. Archives CEA.]

Figure 3.10. Superphénix à Creys-Malville.

Pour réaliser ce projet, est mise en place une société spécifique, la NERSA (Nucléaire européenne rapides société anonyme), à capitaux principalement français (51 %), italiens (33 %) et allemands (11 %). Après Superphénix est prévu, sur le sol allemand et avec cette fois une participation majoritaire de ce pays, un réacteur de même puissance : ces réalisations doivent être les prémices du développement à plus long terme d'un parc complet de réacteurs à neutrons rapides surgénérateurs qui remplaceront les réacteurs à neutrons thermiques utilisant mal l'uranium.

Superphénix diverge à Creys-Malville (Ain) le 7 septembre 1985 et atteint sa pleine puissance en décembre 1986. Les années suivantes, le fonctionnement sera de nombreuses fois interrompu à la suite d'incidents techniques assez normaux pour un tel prototype et surtout de tracasseries administratives. En 1997, lorsque, enfin, la rentabilité économique semble en vue (en 1996, le taux de disponibilité de la centrale a atteint 96 %), une décision d'arrêt définitif est prononcée par le gouvernement pour honorer un accord électoral avec le parti Vert ; dans sa déclaration d'investiture à l'Assemblée nationale, le 19 juin 1997, le Premier ministre Lionel Jospin déclare : « le surgénérateur qu'on appelle Superphénix sera abandonné ».

Outre la disparition d'un outil précieux pour l'étude de l'incinération des déchets nucléaires (voir plus loin), cet arrêt est un gâchis économique : les assemblages de combustible en place ne sont presque pas irradiés et un deuxième cœur, neuf, a déjà été approvisionné.

Si elle a indigné la plupart des techniciens, cette décision a été respectée à la lettre par les dirigeants des entreprises concernées. EdF a définitivement découplé la centrale du réseau le 2 février 1998 et les opérations de démantèlement ont aussitôt commencé. Les deux cœurs, celui qui était en cours d'irradiation et le cœur neuf qui aurait dû lui succéder, sont entreposés dans la piscine du réacteur. Le CEA a, en quelques mois, reconverti sur d'autres thèmes la majorité des nombreux chercheurs travaillant au développement des réacteurs à neutrons rapides.

Avec le recul, il apparaît que Superphénix a cristallisé les opposants... ce qui a peut-être permis d'achever plus aisément le programme REP sans guère de réticences de l'opinion.

Il est clair que, si le nucléaire a un avenir, il devra forcément passer par la surgénération. Pour le cycle uranium 238-plutonium, il faut presque obligatoirement utiliser un spectre de neutrons rapides (l'autre cycle possible, thorium 232-uranium 233, peut être envisagé en spectre rapide ou en spectre thermique). En revanche, le sodium, inflammable au contact de l'eau, donc présentant un danger potentiel, pourrait être remplacé par un autre réfrigérant : plomb, bismuth, voire hélium.

Comme d'autres belles réalisations techniques de l'homme, tel Concorde, Superphénix est probablement venu trop tôt. Souhaitons que l'acquis scientifique et technologique accumulé avec le développement de la filière RNR ne soit pas perdu.

Le recyclage du plutonium dans les réacteurs à eau

Dès les années 1980, il apparaît clairement en France, et a fortiori dans les pays qui n'ont pas de programme RNR, que le parc de réacteurs à eau qui se développe produira, si l'on retraite le combustible irradié, beaucoup plus de plutonium que n'en nécessitera l'approvisionnement des réacteurs à neutrons rapides. L'arrêt de la filière RNR ne fera, évidemment, qu'accentuer cette tendance. La question se pose donc de l'utilisation de ce plutonium.

On peut imaginer de le stocker en attendant l'arrivée des RNR. Mais leur horizon s'éloigne. De toutes façons un stockage coûte sans rapporter, ce qui est anti-économique. Dans ce cas particulier, en outre, il conduit à une dégradation du pouvoir énergétique potentiel du plutonium. En effet, la composition isotopique du plutonium récupéré au retraitement du combustible des réacteurs à eau est approximativement celle donné dans le tableau suivant. Seuls les isotopes impairs sont fissiles, soit à peu près les deux tiers ; et parmi eux, le plutonium 241 disparaît par radioactivité avec une période de 15 ans ; un stockage de quelques décennies fait donc disparaître un sixième environ du potentiel énergétique du plutonium.

C'est la raison pour laquelle un recyclage du plutonium dans les réacteurs à eau a été étudié, en Europe notamment avec un vigoureux soutien de la Commission des Communautés européennes. Cela peut se faire dans les réacteurs à eau sous pression comme dans les réacteurs à eau bouillante. C'est moins intéressant que dans les réacteurs à neutrons rapides où les propriétés du plutonium 239 dépassent nettement celles de l'uranium 235 alors que les deux matériaux sont équivalents en spectre thermique, mais c'est certainement préférable à un stockage en attendant les réacteurs à neutrons rapides. Cela est d'autant plus vrai qu'après irradiation dans le réacteur à eau les deux tiers du plutonium initial subsistent (une partie du plutonium aura été consommée, mais un complément aura été produit par conversion de l'uranium 238). Certes, la qualité isotopique du plutonium se sera encore dégradée, ce qui rend difficile d'envisager un second recyclage dans un réacteur à eau ; mais ce n'est pas un handicap réel pour un réacteur à neutrons rapides.

Tableau 3.8. Composition isotopique du plutonium obtenu par retraitement du combustible irradié dans les réacteurs à eau sous pression (source : P. Reuss, Précis de neutronique, EdP Sciences, 2003).

Isotope	Proportion
Plutonium 238	2 %
Plutonium 239	58 %
Plutonium 240	23 %
Plutonium 241	11 %
Plutonium 242	6 %

En pratique, le recyclage en réacteur à eau se fait en substituant au combustible usuel dit « UOX » (oxyde d'uranium enrichi à 3 ou 4 % en isotope 235) un combustible « MOX », mélange d'oxyde d'uranium naturel, voire appauvri, et de plutonium, avec une teneur massique de ce dernier de l'ordre de 6 à 8 % (le plutonium est fissile aux deux tiers seulement mais il faut viser un facteur un peu plus grand que trois demis dans la substitution d'uranium 235 par le plutonium pour compenser l'importante capture thermique sans fission des isotopes 240 et 242 du plutonium).

Les physiciens ont repris leurs calculs de réacteurs avec ce nouveau combustible... et ont constaté qu'on ne pouvait pas charger un cœur à 100 % en MOX sans compromettre la sûreté de la centrale. La raison en est une moindre efficacité des moyens de commande, par exemple les grappes absorbantes des REP. Cela résulte d'une absorption dans le MOX plus intense que dans l'UOX (l'efficacité de la grappe de commande est le rapport de son absorption à celle du combustible ; elle est donc réduite en proportion inverse de l'absorption du combustible). Avec les dispositifs en place sur les réacteurs existants, les calculs ont montré que l'on ne pouvait pas charger plus de la moitié des cœurs en MOX si l'on voulait assurer la sûreté en toutes circonstances. Prudemment, en France, l'Autorité de Sûreté a autorisé le chargement des cœurs des REP seulement à raison d'un tiers d'assemblages MOX. L'opération a été débutée par EdF en 1987 à Saint-Laurent des Eaux et concerne aujourd'hui la plupart des REP de 900 MWé[10,11]. Le recyclage du plutonium dans les réacteurs à eau est aussi pratiqué dans d'autres pays : la Belgique, l'Allemagne, la Suisse et bientôt le Japon[12].

Notons en passant que cela a posé un véritable défi aux neutroniciens : la juxtaposition dans un même cœur d'assemblages UOX et MOX entraîne des interfaces entre zones

[10] Aujourd'hui, en France, environ 850 t de combustible irradié sont retraitées par an sur les 1 150 t déchargées des réacteurs.

[11] Une usine, nécessaire pour la fabrication du combustible MOX — MELOX — a été construite à Marcoule ; elle traite actuellement 150 tonnes de métal lourd par an (capacité maximale : 250 t/an) ; la teneur massique du plutonium peut aller de 3 à 11 %.

[12] Les États-Unis qui, comme nous le verrons, ont abandonné le retraitement en 1977, ont récemment reconsidéré cette politique : ils ont fait fabriquer en France en 2005 quatre assemblages MOX (140 kg de plutonium d'origine militaire) pour test d'irradiation dans la centrale de Catawba exploitée par l'électricien Duke.

assez peu absorbantes et très absorbantes pour les neutrons thermiques, ce qui a comme conséquence de créer localement, dans les zones à plutonium et près des interfaces, des « pics de puissance » (points chauds) inacceptables. Pour les atténuer il a fallu étudier un « zonage » des assemblages MOX mettant en jeu des crayons de combustible mixte à trois teneurs différentes et croissantes de la périphérie vers le centre.

Cela augmente le coût de fabrication des assemblages MOX déjà grevé par rapport à celui des assemblages UOX par la nécessité de travailler en « boîtes à gants » à cause de la radioactivité du plutonium plus importante que celle de l'uranium. En ajoutant le coût du retraitement (ce qui est un peu conventionnel, car le retraitement ne se justifie pas seulement par la récupération du plutonium mais aussi par le meilleur conditionnement des déchets), d'aucuns ont contesté l'intérêt économique du recyclage du plutonium dans les réacteurs à eau !

Remarque : la faisabilité technique de l'utilisation de l'uranium de retraitement (URT) a été démontrée, mais le recyclage de l'uranium n'est pas réalisé aujourd'hui à grande échelle. Cet uranium est stocké comme « réserve stratégique » en cas de crise. On hésiterait à le faire ré-enrichir par Eurodif pour éviter la pollution de l'usine par des isotopes mineurs (uranium 236, uranium 232, etc.) produits par irradiation. On envisagerait plutôt une usine spécifique pour traiter l'URT (le procédé le plus adapté étant dans ce cas l'ultracentrifugation).

Retraitement ou stockage en l'état des combustibles irradiés ?

Ce raisonnement en faveur du recyclage du plutonium dans les réacteurs à eau fait par quelques pays de l'Union européenne, la France en particulier, ainsi qu'au Japon, a été fortement contesté dans d'autres pays tels la Suède et, surtout, les États-Unis : ces pays ont renoncé au retraitement du combustible irradié dans les réacteurs, et donc au recyclage du plutonium ; ils se contentent d'entreposer en l'état, pour une durée indéterminée, les assemblages irradiés. À plus long terme, un choix définitif reste possible entre un retraitement ou un stockage définitif (à envisager en « stockage géologique » à grande profondeur).

Aux raisons économiques que nous venons d'évoquer se sont ajoutées des considérations plus politiques.

La politique « Carter »

En 1977, les États-Unis élisent, pour quatre ans, Jimmy Carter. Bien qu'ayant une formation dans le domaine nucléaire, ce Président s'est violemment opposé à l'utilisation du plutonium en arguant les risques de prolifération. (Comme souvent sur les questions touchant au nucléaire, cette prise de position fut sans doute plus idéologique que fondée sur une argumentation strictement technique.) À son initiative, un groupe de réflexion, l'INFCE (International Nuclear Fuel Cycle Evaluation : évaluation internationale du cycle du combustible nucléaire), rassemblant des experts d'une quarantaine de pays, démarre ses travaux en octobre 1977. Ils auront permis de préciser les idées sur les problèmes de cycle de combustible (avantages et inconvénients du cycle « ouvert » sans retraitement et du cycle « fermé » où les matières énergétiques sont recyclées) et sur les risques de prolifération associés aux exportations de technologie nucléaire.

Les autres filières industrielles de réacteurs

Après l'abandon de la filière uranium naturel-graphite-gaz, la France ne développera finalement qu'une seule filière, celle des réacteurs à eau sous pression : cela s'avérera une force car l'effet de série permet une notable réduction des coûts.

Dans les autres pays, cette même filière a aussi souvent été préférée. Cependant, quelques autres filières ont aussi été jusqu'au stade de réalisations à grande échelle. Le tableau suivant donne leurs principales caractéristiques.

Nous avons vu que la filière UNGG a été développée en France et au Royaume-Uni (sous la dénomination de « Magnox » pour ce dernier). Si la France a abandonné cette filière, le Royaume-Uni est resté fidèle aux réacteurs à graphite et en a amélioré les performances avec les AGR (réacteurs avancés à graphite) utilisant un uranium légèrement enrichi. En poussant plus loin, on trouve les HTR (réacteurs à haute température) à refroidissement hélium : ce concept n'a pas dépassé aujourd'hui le cap de quelques réalisations prototypes mais est considéré comme prometteur à cause de son meilleur rendement et de la perspective d'autres applications de la chaleur produite par les fissions (chimie, production d'hydrogène...).

Tableau 3.9. Principales filières électronucléaires (source : P. Reuss, Précis de neutronique, EDP Sciences, 2003).

Filière	Modérateur	Caloporteur	Combustible	Gaine
REP et VVER	Eau	Eau sous pression	Oxyde d'uranium à 3-4 % ou oxyde mixte U+Pu (MOX)	Zr
REB	Eau	Eau bouillante	Oxyde d'uranium à 2-3 % ou oxyde mixte U+Pu (MOX)	Zr
CANDU	Eau lourde	Eau lourde (tubes de force)	Oxyde d'uranium naturel ou très légèrement enrichi	Zr
UNGG et Magnox	Graphite	Gaz carbonique	Uranium naturel métallique	Mg
AGR	Graphite	Gaz carbonique	Oxyde d'uranium à 2 %	Acier inox.
HTR	Graphite	Hélium	Oxyde d'uranium à 5-10 %	Graphite
RBMK	Graphite	Eau bouillante (tubes de force)	Oxyde d'uranium à 1,8-2,4 %	Zr-Nb
RNR	(Néant)	Sodium	Oxyde mixte U+Pu (MOX) à 15-20 % de Pu	Acier inox.

La technologie VVER (Vodo-Vodianoï Energuetitcheckiï Reaktor : réacteur énergétique eau-eau) développée en ex-URSS est très voisine de celle du REP. Le concurrent direct du REP est le réacteur bouillant (REB) qui présente quelques avantages (pas de circuit secondaire, pilotage de la puissance par réglage des débits...) et quelques inconvénients (légère radioactivité au niveau des turbines, cœur plus gros...) et qui a vu de nombreuses réalisations (États-Unis, Japon, Suède, Allemagne...).

Le Canada qui s'était intéressé aux réacteurs à eau lourde pendant la guerre est resté fidèle à cette filière et en a été le principal promoteur sur son sol et à l'exportation (filière dite CANDU, comme Canada-deutérium-uranium).

La filière RBMK (Reaktor Bolshoi Moshchnosti Kanalnye : réacteur bouillant de grande puissance) développée en ex-URSS est une association originale de graphite et d'eau (bouillante) ; ce concept a des défauts rédhibitoires en matière de sûreté qui l'ont définitivement condamné à terme (les réacteurs de Tchernobyl sont des RBMK).

Tableau 3.10. Parc électronucléaire au 31/12/2004 : ventilation par filières (source : ELECNUC, édition 2005). [On peut aussi trouver les statistiques concernant le parc nucléaire sur le site Internet de l'AIEA : http ://www.iaea.org régulièrement mis à jour.]

Filières	Puissance installée (GWé)	Nombre d'unités
Magnox et AGR	10,7	22
RBMK	11,4	16
Eau lourde	20,0	39
Eau (PWR)	204,7	214
Eau (VVER)	35,9	53
Eau (BWR)	82,6	93
Neutrons rapides	1,0	3
TOTAL	366,3	440

Malgré leurs avantages potentiels, seuls la France, l'ex-URSS et le Japon ont réalisé des centrales à neutrons rapides de grande puissance. Comme nous l'avons vu avec Superphénix, les développements de cette filière n'ont pas été à la mesure des espoirs qu'elle avait suscités. Cependant, avec peut-être d'autres concepts, notamment en ce qui concerne le refroidissement, la surgénération reste la seule voie ouverte à long terme pour l'énergie de fission.

Le tableau ci-dessus permet de comparer l'implantation de ces différentes filières dans le parc mondial de réacteurs que nous avons déjà présenté par pays.

Tableau 3.11. Les administrateurs généraux et les hauts-commissaires du CEA (source : CEA).

Administrateurs généraux		Hauts-commissaires	
1946-1951	Raoul Dautry	1946-1950	Frédéric Joliot-Curie
1951-1958	Pierre Guillaumat	1951-1970	Francis Perrin
1958-1963	Pierre Couture	1970-1975	Jacques Yvon
1963-1970	Robert Hirsch	1975-1993	Jean Teillac
1970-1978	André Giraud	1993-1998	Robert Dautray
1978-1983	Michel Pecqueur	1998-2003	René Pellat
1983-1986	Gérard Renon	Depuis 2003	Bernard Bigot
1986-1989	Jean-Pierre Capron		
1989-1995	Philippe Rouvillois		
1995-1999	Yannick D'Escatha		
1999-2002	Pascal Colombani		
Depuis 2003	Alain Bugat		

Revenons à la France. L'organisme de recherche et développement qu'est le Commissariat à l'énergie atomique (CEA) apporta un soutien décisif aux grands acteurs industriels qui mirent en place le parc français de centrales électronucléaires, EdF — le commanditaire et l'exploitant des centrales —, Framatome — leur constructeur — et Cogéma assurant toutes les opérations du cycle du combustible de la mine au retraitement (ces deux derniers sont regroupés aujourd'hui au sein d'AREVA). Il mena aussi toutes les recherches et réalisations sur les autres aspects du nucléaire.

Voyons donc dans quel contexte le développement de l'électronucléaire a été mené. Ce contexte se décline autour des autres applications énergétiques (essentiellement militaires) de l'énergie nucléaire et des autres applications non énergétiques des réacteurs.

La bombe française

Nous avons déjà esquissé au chapitre précédent l'histoire française des applications militaires de l'énergie nucléaire. Reprenons et complétons ce que nous avons dit. Par commodité de l'exposé nous distinguerons les développements des armes et ceux des navires nucléaires, mais il est clair que ces deux aspects sont intimement liés au sein de la problématique de la « force de dissuasion ».

Les applications « réacteurs » et « armes » de l'énergie nucléaire font, fondamentalement, appel à la même physique de base : fission nucléaire, réaction en chaîne, etc. Cependant les situations neutroniques sont très différentes (au point qu'il y a très peu de dialogue entre les spécialistes respectifs) et, surtout, les aspects technologiques sont pratiquement totalement déconnectés (en revanche, les réacteurs électronucléaires et les réacteurs navals ont évidemment beaucoup de points communs).

Cela permet de comprendre pourquoi de grands noms de la physique, tels Frédéric Joliot ou Francis Perrin (tous deux furent haut-commissaires du CEA), qui ont été des moteurs des recherches en physique nucléaire et des développements des applications civiles, se sont fortement opposés, pour des raisons éthiques, au développement des applications explosives de l'énergie nucléaire. Il est clair, cependant, que d'autres ont voulu, dès la fin des hostilités, amener la France dans le « club » des détenteurs de l'arme suprême. La réalisation de réacteurs à graphite, producteurs de « bon » plutonium allait dans le sens de ces derniers, même si les premiers se sont farouchement défendus de poursuivre un objectif militaire en mettant en avant l'intérêt des réacteurs à neutrons rapides et à plutonium.

Comme nous l'avons vu, c'est Pierre Mendès France qui, en 1954, a eu le courage de laisser ce courant émerger en créant au CEA le Bureau d'études générales (BEG) chargé d'étudier un prototype de bombe et celui d'un sous-marin nucléaire. La décision d'aller jusqu'à la réalisation fut prise quelques années plus tard (1958) par Félix Gaillard, et confirmée par Charles de Gaulle dès son retour au pouvoir. En 1956, le BEG devient le Département des techniques nouvelles (DTN), et dès 1958 la Direction des applications militaires (DAM), ce qui est beaucoup plus explicite sur la mission assignée !

Plusieurs centres d'études seront créés entre 1955 et 1965 pour la Direction des applications militaires du CEA : Vaujours, Bruyères-le-Châtel, Moronvilliers, Valduc, Le Ripault, le Centre d'études scientifiques et techniques d'Aquitaine (CESTA).

La doctrine de la « force de frappe » sera précisée par De Gaulle en 1962 ; elle sera progressivement acceptée ou soutenue par tous les partis politiques français. Elle aura trois composantes : une composante terrestre (missiles tirés depuis des silos enterrés au plateau d'Albion), une composante aérienne (missiles tirés depuis un avion Mirage IV) et une composante marine, la Force océanique stratégique (FOST, missiles tirés depuis un sous-marin). Il s'avérera par la suite que cette dernière est la plus « dissuasive », puisqu'il est impossible de détecter la position d'un sous-marin en plongée, et c'est celle qui deviendra la composante majeure.

L'arme nucléaire nécessite, d'une part, la production de matières nucléaires et, d'autre part, une mise au point technologique s'appuyant sur des essais en vraie grandeur.

Noter aussi, bien que cela ne concerne plus à proprement parler l'énergie nucléaire, qu'une arme nécessite un lanceur. Différents lanceurs seront développés, pour chacune des composantes de la force de frappe. Le dernier modèle équipant les sous-marins nucléaires lanceurs d'engins est le M45. À partir de 2010, le M51 équipera les SNLE.

• *La production de matières nucléaires*

En ce qui concerne le **plutonium** à finalité militaire, la production est assurée par les réacteurs de Marcoule, G1 (1956-1968), G2 (1959-1980) et G3 (1960-1984), auxquels pourraient s'adjoindre, si nécessaire, les réacteurs UNGG d'EdF. Les usines de retraitement UP1 (Marcoule, 1958-1997), puis UP2 (La Hague, démarrage en 1966) permettent d'extraire ce plutonium des combustibles irradiés (pour les réacteurs EdF et UP2, la destination du plutonium sera, en fait, les cœurs des réacteurs à neutrons rapides).

La bombe « H » (fusion thermonucléaire) nécessite de l'uranium 235 et du tritium. L'**uranium 235** proviendra de l'usine d'enrichissement par diffusion gazeuse de Pierrelatte. Celle-ci est organisée sur quatre niveaux : l'usine basse (mise en service en 1965) produit de l'uranium enrichi à 2 %; l'usine moyenne (6 %); l'usine haute (25 %); l'usine très haute (mise en service en 1967) qui porte l'uranium à la teneur nécessaire pour l'arme, soit plus de 90 %.

Deux réacteurs à eau lourde construits à Marcoule, Célestin 1 (mis en service en 1967) et Célestin 2 (1968) fourniront le **tritium** par irradiation de lithium.

La production de plutonium de qualité militaire a été arrêtée en 1992 et celle d'uranium hautement enrichi en 1996, le recyclage des matières issues du démantèlement des armes retirées du service étant suffisant. En revanche, il faut poursuivre la production du tritium, puisque celui-ci se désintègre avec une période de 12 ans.

• *Les essais nucléaires*

Les premiers essais de l'arme à plutonium sont effectués dans le Sahara d'abord à Reggane pour quatre essais : Gerboise bleue (13/02/1960), Gerboise blanche (01/04/1960), Gerboise rouge (27/12/1960) et Gerboise verte (25/04/1961); ensuite à In Ecker pour treize essais échelonnés de 1961 à 1966.

Les essais suivants auront lieu au Centre d'expérimentation du Pacifique (CEP, créé en 1962) dans les atolls de Mururoa et de Fangataufa. Il y aura 46 essais aériens entre 1966 et 1975, puis 141 essais souterrains entre 1975 et 1992, dont 12 tirs dits de « sécurité » pour lesquels la réaction en chaîne ne s'est pas produite et destinés à vérifier la sécurité des têtes nucléaires (pas d'explosion nucléaire en cas d'allumage accidentel). Le premier tir thermonucléaire français a lieu à Fangataufa le 24/08/1968.

[© CEA. CADAM.]

Figure 3.11. Vue aérienne de Mururoa.

[© CEA — DAM.]

Figure 3.12. Essai nucléaire atmosphérique sur l'atoll de Mururoa (essai Encelade du 12 juin 1971).

Figure 3.13. L'un des derniers essais nucléaires souterrains français. L'eau du lagon de Mururoa subit l'onde de choc provenant du sous-sol.

En 1992, le Président François Mitterrand annonce un moratoire sur les essais nucléaires qui sera prolongé jusqu'à la fin de son mandat. Jacques Chirac, élu Président en 1995, se laisse convaincre par les techniciens de la nécessité de quelques ultimes essais pour la mise au point définitive de l'arme thermonucléaire : une dernière série de six essais aura lieu à Mururoa du 05/09/1995 au 27/01/1996. Le 24 septembre 1996, la France adhère au Traité d'interdiction complète des essais nucléaires (TICE).

Tableau 3.12. Essais nucléaires français (du 13 février 1960 au 27 janvier 1996) (source : observatoire des armes nucléaires).

SITE	Essais atmosphériques	Essais souterrains	Nombre total d'essais
Reggane (Sahara)	4	0	4
In Ecker (Hoggar)	0	13	13
Mururoa (Polynésie)	41	137(*)	178
Fangataufa (Polynésie)	5	10	15
TOTAL	50	160	210

(*) Dont 12 tirs de « sécurité »

Pour maintenir désormais la fonctionnalité des armes, les techniciens ne s'appuieront plus que sur la seule simulation ; toutefois, est lancé en mars 1995 le projet d'un laser mégajoule (LMJ) sur le site DAM du CESTA (près de Bordeaux) : il s'agit, pour tester les outils de simulation, de réaliser à une échelle réduite la fusion thermonucléaire en focalisant de nombreux faisceaux laser sur une cible sphérique d'un diamètre de l'ordre du millimètre, contenant un mélange de deutérium et de tritium (fusion dite « inertielle »).

• Les navires nucléaires

En France seule la marine militaire a développé des navires nucléaires, bien que des applications civiles soient aussi envisageables et ont fait l'objet de quelques applications dans d'autres pays (États-Unis, ex-URSS, Allemagne, Japon), par exemple pour des brise-glace à propulsion nucléaire.

En 1955, la France lance un projet, dit « Q 244 », d'un sous-marin équipé d'un moteur nucléaire à eau lourde et uranium naturel. Il s'avérera impossible de miniaturiser suffisamment le réacteur et ce projet est abandonné quatre ans plus tard au profit d'un réacteur à eau, plus compact.

La première étape suivante est l'étude et la construction à Cadarache d'un prototype à terre (PAT) qui divergera en 1964. Le PAT sera suivi de la Chaudière avancée prototype (CAP) qui divergera en 1975. Cette dernière sera remodelée de 1987 à 1989 en réacteur de nouvelle génération (RNG). Le réacteur d'essais (RES), actuellement en construction à Cadarache, est destiné à le remplacer en 2009.

Tableau 3.13. Navires français à propulsion nucléaire (source : CEA, Défis n° 98, févier-mars 2004).

Navire	Mise en service	Retrait
Sous-marins lanceurs d'engins		
Le Redoutable	1971	1991
Le Terrible	1973	1996
Le Foudroyant	1974	1998
L'Indomptable	1976	2004
Le Tonnant	1980	2000
L'Inflexible	1985	—
Le Triomphant	1996	—
Le Téméraire	1999	—
Le Vigilant	2004	—
Sous-marins d'attaque		
Le Rubis	1983	—
Le Saphir	1984	—
Le Casabianca	1987	—
L'Émeraude	1988	—
L'Améthyste	1992	—
La Perle	1993	—
Porte-avions		
Charles-de-Gaulle	1999	—

Les générations successives de ces réacteurs équiperont les navires nucléaires, sous-marins lanceurs d'engins (SNLE), sous-marins d'attaque (SNA) et porte-avions. Le tableau ci-dessus présente l'ensemble des réalisations.

Il est prévu que les SNA soient remplacés à partir de 2013 (programme Barracuda).

En France, c'est la société Technicatome, filiale du CEA et aujourd'hui dans le groupe AREVA, qui a réalisé tous ces réacteurs.

[© ECPAD France.]

Figure 3.14. Lancement du sous-marin nucléaire d'attaque Saphyr.

[© ECPAD France.]

Figure 3.15. Le porte-avions nucléaire Charles-de-Gaulle.

La course aux armements

Il est intéressant de replacer ces réalisations militaires françaises dans le contexte mondial de la « guerre froide ». Les tableaux et graphiques ci-après parlent d'eux-mêmes :

ils donnent le nombre de têtes nucléaires — aujourd'hui et construites depuis 1945 —, l'évolution du stock, le nombre d'essais nucléaires, le nombre de navires militaires à propulsion nucléaire et un aperçu de l'équipement des deux grandes puissances en missiles balistiques (les chiffres sont les maximums atteints ; une partie des missiles a aujourd'hui été démantelée). Nous invitons le lecteur à méditer sur la démesure des programmes d'armement réalisés, en particulier par les États-Unis et l'Union soviétique...

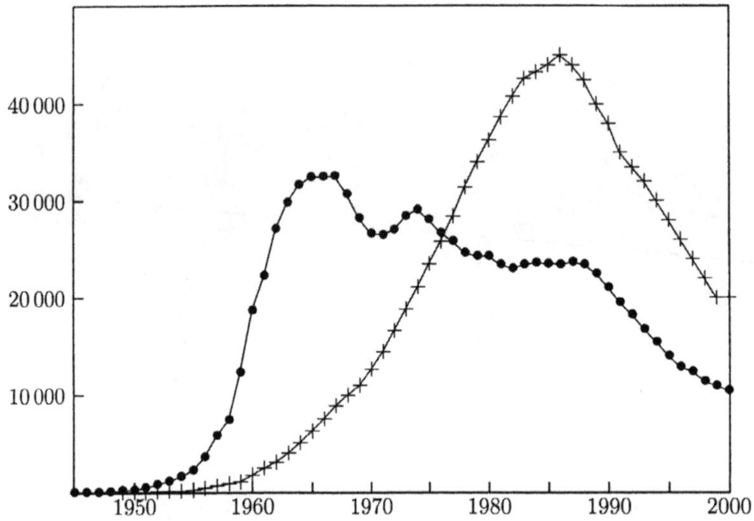

Figure 3.16. Évolution du stock d'armes nucléaires des États-Unis (•) et de la Russie (+). (Source : observatoire des armes nucléaires.)

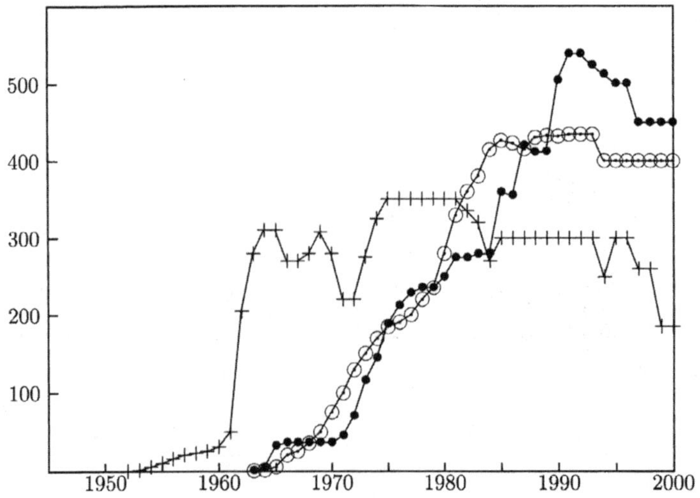

Figure 3.17. Évolution du stock d'armes nucléaires de la France (•), du Royaume-Uni (+) et de la Chine (⊙). (Source : observatoire des armes nucléaires.)

Tableau 3.14. Nombre de têtes nucléaires en 2004 (source : Le Monde 2, 11 juin 2005). 188 pays sont signataires du traité de non-prolifération nucléaire (TNP). L'Iran, signataire du traité, menace de reprendre des activités d'enrichissement de l'uranium. La Corée du Nord, sortie du TNP en 2003, pourrait détenir une ou deux armes ; le 2 mai 2005 elle aurait procédé à un essai de missile à courte portée et le 9 octobre 2006 à un essai nucléaire.

	Têtes nucléaires		
Pays	Courte portée	Longue portée	Total
États-Unis	1 120	5 948	7 068
Russie	3 380	4 852	8 232
Chine	120	282	402
France	0	348	348
Royaume-Uni	0	185	185
Israël[a]	—	100 à 200	100 à 200
Pakistan[a]	30 à 50	—	30 à 50
Inde[a]	30 à 40	—	30 à 40
Corée du Nord[a]	1 à 2	—	1 à 2
Total[a]	4 622	11 840	16 462

(a) Estimation.

Tableau 3.15. Nombre total de têtes nucléaires construites entre 1945 et 2000, y compris les engins utilisés pour les essais (source : observatoire des armes nucléaires).

Pays	Nombre de de têtes nucléaires
États-Unis	70 000
Union soviétique	55 000
France	1 260
Royaume-Uni	1 200
Chine	600
Total	128 060

Les autres applications de l'énergie nucléaire

La tendance générale du développement des centrales électronucléaires a été l'augmentation des puissances unitaires : cela conduit, jusqu'à une certaine limite, à une réduction du coût du kilowattheure. Dans les pays fortement industrialisés qui ont mené ces développements, cela était possible car ces pays sont aussi de gros consommateurs d'électricité et sont gréés de réseaux capables de supporter ces grosses unités.

Quand on a commencé à envisager l'exportation de centrales « clefs en mains » vers des pays moins développés, on s'est rendu compte que de trop grosses unités pouvaient être un handicap, la puissance étant surdimensionnée par rapport aux besoins et le réseau n'étant pas suffisant pour l'acheminer.

Des réacteurs de faible puissance peuvent également être intéressants pour des applications très spécifiques : un exemple typique en est le programme soviétique Pamir dont les détails ont été récemment révélés[13] : il s'agissait de petits réacteurs (700 kW), pouvant

[13] Voir *Le Monde* daté du 24 avril 2004.

Tableau 3.16. Estimation du nombre total d'essais nucléaires dans le monde (du 16 juillet 1945 au 30 mai 1998) (source : observatoire des armes nucléaires).

Pays	Essais atmosphériques	Essais souterrains	Nombre total d'essais
États-Unis	217	813	1 030
URSS	221	494	715
France	50	160	210
Chine	23	22	45
Grande-Bretagne	21	23	44
Inde	0	4	4
Pakistan	0	2	2
TOTAL	532	1 518	2 050

Tableau 3.17. Sous-marins et porte-avions à propulsion nucléaire (source : Marines, hors série : Sous-marins nucléaires, octobre 2000).

Pays	Sous-marins nucléaires réalisés	Porte-avions à propulsion nucléaire
URSS	260	—
États-Unis	199	9
Grande-Bretagne	30	—
France	15	1
Chine	7	—
TOTAL	511	10

Tableau 3.18. Équipement en missiles stratégiques des États-Unis et de l'Union soviétique à leur maximum (source : Quid 2004).

Pays	Année considérée	ICBM(*)	SLBM(**)
URSS	1987	1 418	967
États-Unis	1980	1 054	656

(*) Intercontinental balistic missile : missile stratégique sol-sol de portée supérieure à 6 500 km.
(**) Submarine launched balistic missile : missile balistique lancé d'un sous-marin.

être transportés par camion ou hélicoptère, destinés à alimenter des bases mobiles de lancement de missiles intercontinentaux : un prototype a fonctionné le 23 mars 1986, mais le programme a été abandonné après l'accident de Tchernobyl (26 avril 1986).

D'autres applications de l'énergie nucléaire que la production d'électricité et la propulsion navale sont aussi envisageables : chauffage urbain, dessalement d'eau, chimie, production d'hydrogène, alimentation en énergie d'une station spatiale... Quelques réalisations prototypes dans ces divers domaines existent; en France, ces autres applications n'ont, aujourd'hui, pas dépassé le stade d'études de concepts.

En ce qui concerne le chauffage urbain, citons l'exemple de la Suède. Un prototype y a été réalisé : le réacteur Agesta fonctionna de 1963 à 1974 et contribua au chauffage de la banlieue de Stockholm.

Les besoins en eau douce sont, dans certains pays du tiers monde, considérables, parfois plus cruciaux même que les besoins en énergie. Plusieurs procédés de dessalement sont en concurrence, notamment la distillation et l'osmose inverse. Tous utilisent une source de chaleur à relativement basse température, entre 100 et 200 °C. Elle pourrait être fournie par un réacteur nucléaire dévolu à cela ou, mieux, travaillant en cogénération électricité - chaleur pour le dessalement[14]. Les pays du Maghreb, en particulier, ont lancé un programme de recherche sur ces thèmes .

La chimie et la production d'hydrogène recherchent aussi une source de chaleur, mais là à haute température, plus de 800 °C. Les réacteurs à graphite et à haute température se prêteraient bien à cet objectif.

Les applications à la marine ne sont évidemment pas limitées aux navires militaires. Le premier navire marchand à propulsion nucléaire fut le Savannah (États-Unis, 1962) ; il y eut aussi les cargos allemand (Otto Hahn, 1968) et japonais (Mutsu, 1974) ; tous trois sont aujoud'hui désarmés. L'URSS réalisa neuf bâtiments commerciaux à propulsion nucléaire dont huit brise-glaces et un cargo[15] : le Lénine (1959, accidenté en 1974), cinq Arktika (Arktika [1975], Sibir [1977], Rossiya [1985], Sovetskii Soyuz [1990] et Yamal [1993]), deux Taimyr (Taimyr [1989] et Vaigatch [1990]) ; le cargo, nommé Sevmorput, fut lancé à la fin des années 1980.

L'énergie nucléaire a aussi des applications spatiales : fourniture d'énergie à bord de la station. Une source d'énergie nucléaire serait adaptée à la propulsion pour une mission lointaine qui nécessite une faible poussée sur un long laps de temps (moteur ionique, par exemple), mais pas pour le décollage pour lequel il faut fournir une très forte poussée mais pendant quelques minutes seulement et pour lequel un moteur chimique est mieux adapté ; ce type d'application n'a pas dépassé aujourd'hui le stade de projets[16]. En revanche, les Américains et les Russes ont lancé dans l'espace de nombreux générateurs nucléaires fournissant l'énergie pour les appareillages de bord. Ces générateurs sont de deux types :

— soit des réacteurs critiques pouvant être de relativement grande puissance et utilisant l'énergie de fission (les Américains ont lancé un satellite équipé d'un réacteur Snapshot en 1965 ; les Soviétiques en ont lancé 29 entre 1971 et 1988 : réacteurs Topaz équipant les satellites-radars Rorsat) ;

— soit des générateurs isotopiques, nécessairement de puissance modeste, transformant en électricité la chaleur fournie par les désintégrations d'un matériau radioactif. Le produit le plus utilisé est le plutonium 238 obtenu par irradiation neutronique du neptunium 237 [17] car il présente trois avantages : une émission alpha de grande énergie (comme toutes les émissions alpha) ; pas d'émission gamma (qui poserait des problèmes de radioprotection) ; une période adéquate : 86 ans, puisque du même ordre de grandeur que la

[14] À titre d'exemple, on peut citer le réacteur à neutrons rapides soviétique BN-350 (Aktau, Kazakhstan) arrêté en 1999.

[15] La propulsion nucléaire présente l'avantage d'une forte puissance et d'une longue autonomie, ce qui est très intéressant pour un brise-glace mais moins crucial pour un cargo.

[16] Citons, en ce qui concerne la France, les projets Erato étudié par le CEA et le CNES dans les années 1980 mais qui ne s'est finalement pas concrétisé et, plus récemment, MAPS pour des applications adaptées à Arianne V.

[17] Ce dernier est un sous-produit du fonctionnement des réacteurs, obtenu à partir de l'uranium 235 après deux captures et à partir de l'uranium 238 après une réaction (n,2n).

durée de vie de la machine[18]. Par exemple, les sondes Ulysse (exploration des pôles du Soleil), Galileo (exploration de Jupiter) et Cassini (exploration de Saturne et Titan) étaient alimentées par des générateurs radio-isotopiques à plutonium 238. Les applications spatiales de l'énergie nucléaire posent évidemment un problème de sûreté : risque de dissémination de radioactivité en cas d'échec du lancement ou de retombée sur terre après quelques années d'exploitation : deux satellites équipés de réacteurs Topaz sont retombés, Cosmos 954 en 1978 dans le grand nord canadien et Cosmos 1402 en 1983 dans l'océan indien ; il n'y eut pas de conséquences néfastes, d'une part parce que l'essentiel des vaisseaux s'est désintégré dans les hautes couches de l'atmosphère, ce qui disperse les matières radioactives, d'autre part parce qu'il s'agissait dans les deux cas de zones inhabitées.

Les réacteurs de recherche

Il existe de nombreuses applications des neutrons dans les recherches en physique, en chimie et en biologie, et dans l'industrie : techniques d'imagerie, production de radionucléides (à côté des accélérateurs spécialisés)... Nous les évoquerons sans les détailler, puisque ce document est consacré aux applications énergétiques. Ces applications font appel à des réacteurs spécifiques, en général qualifiés de « réacteurs de recherche ».

[© CEA. Archives CEA.]

Figure 3.18. Lueur due à la traversée de l'eau du cœur des rayonnements bêta à une vitesse supérieure à celle de la lumière dans ce milieu (effet Tcherenkov), ici visible dans le réacteur Siloé de Grenoble (aujourd'hui arrêté).

18 Ces trois particularités avaient aussi amené les médecins à adopter le plutonium 238 comme source d'énergie des stimulateurs cardiaques ; aujourd'hui, cette application a été abandonnée car on sait faire des piles chimiques de longue durée de vie.

[© CEA. Archives CEA.]

Figure 3.19. Le réacteur à haut flux (RHF) de L'Institut Laue-Langevin à Grenoble.

[© CEA. Archives CEA.]

Figure 3.20. Vue de la piscine du réacteur Orphée.

Notons aussi que le développement de l'énergie nucléaire elle-même fait appel à des réacteurs de recherche ; les trois principales nécessités sont :

1/ les irradiations technologiques destinées à tester les matériaux et les composants des réacteurs de puissance, faites dans des conditions parfaitement calibrées et sous des flux en général plus intenses que ceux des réacteurs de puissance de façon à accélérer les phénomènes par rapport au temps réel ;

2/ les expériences critiques le plus souvent de très faible puissance destinées à qualifier les calculs de neutronique et les données nucléaires qu'ils utilisent ;

3/ les réacteurs d'enseignement destinés à des travaux pratiques pour la formation des spécialistes.

Au niveau mondial, les réacteurs de recherche les plus nombreux sont les Triga (Training, Research, Isotope production, General Atomic) dont 65 exemplaires dans 24 pays ont été construits depuis 1958. Ils se caractérisent par un coefficient de température prompt fortement négatif grâce à l'utilisation d'un combustible **UZrH** (hydrure d'uranium-zirconium), et donc par une sûreté intrinsèque exceptionelle, permettant des erreurs de pilotage sans conséquence fâcheuse !

Les développements de la « neutronique numérique »

Cela nous amène à examiner comment a évolué la neutronique au passage de l'ère de la genèse à celle de la maturité de l'énergie nucléaire ; l'enseignement de la physique des réacteurs a dû s'adapter à cette évolution.

Le trait qui la caractérise est l'explosion de l'informatique au sein de la physique des réacteurs, notamment la neutronique qui nous servira d'illustration.

On peut estimer, en lissant les choses sur quelques décennies, que la puissance de calcul des ordinateurs mis à la disposition des ingénieurs et physiciens s'est accrue exponentiellement d'un facteur 1 000 tous les vingt ans, soit, en moyenne, un facteur $\sqrt{2}$ par année. D'immenses possibilités nouvelles de simulation se sont ainsi ouvertes depuis les premiers codes de calcul du début des années 1960.

Dans une certaine mesure, « l'ambition numérique » du neutronicien a pu être satisfaite. Nous avons vu que l'équation qu'il souhaite résoudre, l'équation de Boltzmann, est extrêmement complexe non seulement dans sa forme, mais surtout par les données nucléaires et géométriques qu'elle implique. C'est dire que seules des modélisations physiques très réfléchies, s'appuyant sur des expériences elles-mêmes très réfléchies, ont pu répondre aux besoins de calcul des ingénieurs jusqu'aux années 1960-1970. L'inconvénient de telles modélisations, c'est qu'elles ne s'appliquent que dans une plage limitée de situations ; on a vu, par exemple, qu'ont été développés autant de codes de calcul de réseaux que de filières (CORÉGRAF pour les réseaux à graphite, CRUEL pour les réseaux à eau lourde, etc.). Avec des moyens de calculs plus puissants, des résolutions plus strictement numériques évitant de telles modélisations trop spécifiques peuvent être envisagées[19]. C'est ainsi que l'argument d'une telle généralité a été clairement affiché par

[19] Un exemple très typique pour illustrer cette évolution est celui de l'absorption résonnante. Maintenant, le détail des résonances a été assez bien débrouillé et, simultanément, un traitement numérique suffisamment détaillé en énergie pour décrire les centaines de pics dans les courbes de sections efficaces est devenu envisageable : un calcul complet de l'intégrale effective et du facteur antitrappe peut venir remplacer les formules empiriques que nous avons rappelées aux chapitres précédents.

Tableau 3.19. Réacteurs de recherche français (source : AIEA).

Nom du réacteur	Catégorie	Type	État	Divergence	Date d'arrêt
Zoé (EL-1)	Recherche	Eau lourde	Arrêté	12/1948	1974
EL-2	Test	Cuve	Arrêté	06/1952	1965
EL-3	Test	Eau lourde	Arrêté	06/1957	1979
Mélusine	Recherche	Piscine	Arrêté	01/07/1958	30/06/1988
Triton	Recherche	Piscine	Arrêté	29/06/1959	1982
Minerve	Expérience critique	Piscine	Opérationnel	29/09/1959	—
Marius	Expérience critique	Graphite	Arrêté	01/1960	01/04/1983
Néréïde	Recherche	Piscine	Arrêté	15/09/1960	1982
Ulysse	Enseignement	Argonaute	Opérationnel	27/08/1961	—
Azur	Expérience critique	Cuve	Opérationnel	09/04/1962	—
Siloé	Recherche	Piscine	Arrêté	18/03/1963	01/12/1997
Pégase	Test	Cuve	Arrêté	04/1963	1974
Cabri	Tests de sûreté	Piscine	Opérationnel	06/1963	—
Siloette	Recherche	Piscine	Arrêté	02/1964	1985
César	Expérience critique	Graphite	Arrêté	12/1964	08/1977
Harmonie	Recherche	Cuve	Arrêté	08/1965	1996
Éole	Expérience critique	Cuve en piscine	Opérationnel	02/12/1965	—
Isis	Recherche	Piscine	Opérationnel	28/04/1966	—
Strasbourg	Enseignement	Argonaute	Arrêté	22/11/1966	1998
Osiris	Recherche	Piscine	Opérationnel	08/09/1966	—
EL-4	Prototype	Eau lourde	Arrêté	12/1966	30/07/1985
Masurca	Expérience critique	Neutrons rapides	Opérationnel	12/1966	—
Rapsodie	Prototype	Neutrons rapides	Arrêté	01/1967	15/04/1983
Réacteur à haut flux	Recherche	Eau lourde	Opérationnel	07/1971	—
Phénix	Prototype	Neutrons rapides	Opérationnel	31/08/1973	—
Silène	Test de criticité	Solution homogène	Opérationnel	06/1974	—
Mirène	Test de criticité	Solution homogène	Arrêté	06/1975	31/12/1988
Bouillant ADV	Prototype	BWR	Arrêté	24/11/1975	1996
Phébus	Tests de sûreté	Piscine	Opérationnel	09/08/1978	—
Orphée	Recherche	Piscine	Opérationnel	19/12/1980	—
Scarabée	Tests de sûreté	Piscine	Opérationnel	06/1982	—
Jules Horowitz	Recherche	Cuve en piscine	Projet	2008	—

les physiciens du CEA qui ont lancé, à la fin de la décennie 1960, le développement du code APOLLO : ce code devra permettre, affirment-ils, de traiter *toutes* les filières.

Cette ambition d'un code unique, toutefois, ne se réalisera que partiellement : APOLLO ne servira, en effet, pratiquement que pour les réacteurs à eau[20] car, d'une part, il n'y a presque plus de calcul de réacteurs à graphite et à eau lourde à effectuer avec l'abandon de ces filières (les codes traditionnels suffiront pour les quelques calculs restant à faire) et, d'autre part, les physiciens des réacteurs à neutrons rapides restent à part. Il y a à cela plusieurs raisons : historiques (les équipes respectives des développements de codes sont dans des unités différentes), géographiques (ces équipes sont localisées pour l'essentiel à Saclay pour la filière « eau » et à Cadarache pour la filière « rapide ») et physiques (les phénomènes importants à détailler ne sont pas les mêmes dans les réacteurs à neutrons thermiques et dans les réacteurs à neutrons rapides).

Avec les contraintes de confidentialité du contexte industriel, APOLLO restera un code essentiellement français; outre le CEA, ses principaux utilisateurs seront EdF et Framatome. À la fin des années 1970, il sera progressivement supplanté par APOLLO-2, un code entièrement nouveau, nécessité par l'évolution des méthodes de programmation et les calculs plus ambitieux que veulent faire les ingénieurs. En revanche, le code équivalent pour les réacteurs à neutrons rapides, ECCO (European Cell Code) sera développé dans un contexte européen.

Il faut toutefois remarquer qu'on est, même aujourd'hui, encore très loin d'un calcul totalement numérique d'un réacteur qui nécessiterait sans doute des millénaires en temps d'ordinateur si l'on voulait prendre en compte dans le détail toutes les variables nécessaires pour décrire un flux neutronique (trois variables d'espace, trois variables pour la vitesse et le temps) ! Si on a pu abandonner une partie de la modélisation, il en reste encore passablement[21].

Est-il souhaitable d'aller encore plus loin dans la voie du numérique au détriment des modélisations basées sur la physique ? Il est clair que la tendance va dans ce sens et que les ingénieurs sont de plus en plus exigeants : il est frappant de constater que la durée des calculs qu'ils passent sur ordinateur ne se réduit pas avec l'augmentation des capacités des machines mais, au contraire, s'accroît : leur exigence dans le détail des descriptions qu'ils souhaitent prendre en compte avance plus vite que l'accroissement de puissance des ordinateurs ! Il faut dire que le fait d'avoir à disposition des machines non pas centralisées mais dispersées dans tous les bureaux pousse dans ce sens. Par exemple, les calculs Monte-Carlo de neutronique, extrêmement « gourmands » en temps de calcul si l'on recherche une bonne précision, deviennent de plus en plus usuels. Plutôt que d'éteindre l'ordinateur avant de quitter son bureau, il est tentant de lancer un gros calcul pour en récupérer les résultats le lendemain matin, voire au bout d'un week-end ou même d'une quinzaine de vacances !

20 Notons toutefois qu'APOLLO est aussi très utilisé dans les études du risque de criticité : l'état critique est recherché dans les réacteurs mais doit être absolument évité dans les autres installations du cycle du combustible : fabrication, retraitement, transports et entreposages ! L'étude du risque de criticité est un volet important des études de sûreté de ces intallations.

21 Pour reprendre le même exemple, le problème de l'absorption résonnante : même s'il s'appuie sur une description détaillée des résonances, le calcul reste basé sur un modèle, dit « Livolant-Jeanpierre », passant par des pré-tabulations et des équivalences entre les cas pré-tabulés et les cas réels. Autre exemple : on n'est sans doute pas près d'abandonner le « paradigme » de la neutronique consistant, pour le simplifier, à décomposer en deux étapes le calcul d'un réacteur : d'abord le calcul relativement détaillé de la maille élémentaire, l'assemblage de combustible ; ensuite le calcul du cœur complet avec une modélisation beaucoup plus grossière.

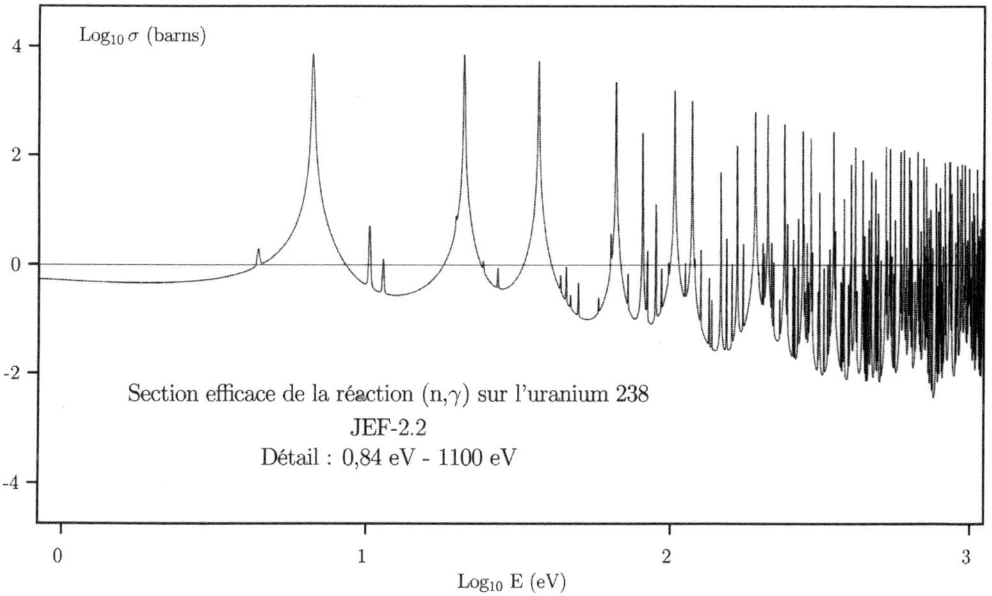

Figure 3.21. « Zoom » de la section efficace de capture de l'uranium 238 dans le domaine des résonances. On pourra mesurer les progrès faits depuis l'époque de Fermi ! Noter que toutes les sections efficaces ont été mesurées point par point !

Cependant l'auteur de ces lignes pense qu'aller trop loin dans le sens du tout numérique est à la fois illusoire et inutile.

Inutile, parce que la précision actuelle des calculs de réacteurs paraît suffisante pour la gestion du parc de centrales et toutes les optimisations souhaitables en termes de sûreté et de rendement des installations.

Illusoire, parce que des incertitudes non négligeables sont irréductibles et que faire des calculs plus précis que ces incertitudes n'a pas de sens. Ces incertitudes irréductibles proviennent de la précision inévitablement limitée sur la connaissance des données nucléaires (certes des progrès existent, mais ils sont lents et, de toute façon, ne permettront pas de réduire à zéro les incertitudes sur ces grandeurs nucléaires) et des données caractérisant les réacteurs qui sont calculés : dimensions, masses, compositions chimiques et isotopiques des matériaux, etc., elles aussi impossibles à déterminer avec une précision infinie.

Cela ne signifie pas que les développements en matière de neutronique sont devenus inutiles ; il faut savoir, en effet, répondre aux nouvelles questions posées par les ingénieurs : nouveaux modes de gestion du cœur (allongement des durées de cycle, gestion par quart de cœur et non par tiers), nouveaux combustibles (par exemple le MOX), nouveaux matériaux pour le contrôle de la réactivité (par exemple des terres rares), nouveaux concepts (tels ceux que nous présenterons au chapitre suivant)...

Le développement de la neutronique reste ainsi encore très vivant, et cela est nécessaire. Mais il faut rester dans une saine appréciation du rapport coût/précision.

L'auteur de ces lignes note aussi que l'extension du calcul numérique n'a pas tué l'enseignement de la physique, au contraire. Par exemple, la formule des quatre facteurs reste aujourd'hui à la base des cours de neutronique. Il est, en effet, indispensable qu'en parallèle aux calculs sur ordinateurs, l'ingénieur conserve le sens des ordres de grandeur et la capacité à faire quelques « évaluations de coin de table ». Combien est-il facile, en effet, de faire une erreur dans la programmation ou l'entrée des données d'un code et combien est-il dangereux de faire une confiance aveugle à la réponse d'un ordinateur ! Le sens critique et la capacité de comprendre et d'analyser des résultats reste et restera l'apanage du bon physicien et de l'ingénieur consciencieux.

On trouvera en annexe à ce document les réflexions d'un acteur des développements de la neutronique, Pierre Benoist. Même s'il est parfois quelque peu technique, ce témoignage traduit bien, nous semble-t-il, l'ambiance d'un service de recherche et développement dans le domaine de la neutronique et l'évolution radicale des méthodes de travail.

Three Mile Island (1979) et Tchernobyl (1986)

Cette période de la maturité de l'énergie nucléaire a vu deux accidents majeurs. Certes ce ne sont pas les seuls accidents qu'on ait eu à déplorer dans ce domaine (citons notamment l'incendie d'un des réacteurs de Windscale, en Grande Bretagne, le 10 octobre 1957), mais ce sont incontestablement ceux qui ont le plus marqué les spécialistes de la sûreté et le plus frappé l'opinion publique.

L'accident de Three Mile Island (États-Unis) a eu lieu le 28 mars 1979. Il concerne un réacteur de type REP. À la base, cet accident résulta d'une banale erreur d'affichage en salle de commande de la position d'une vanne ; de fil en aiguille, les erreurs de diagnostic et les actions malencontreuses qu'elles entrainèrent conduisirent jusqu'à une fusion partielle du cœur. Cependant, grâce à l'enceinte de confinement de la centrale, il n'y a eu pratiquement aucun rejet de radioactivité et l'accident ne fit pas de victime.

L'accident de Tchernobyl (Ukraine) a eu lieu le 26 avril 1986. Il concerne un réacteur de type RBMK. La cause profonde de l'accident est un laxisme impardonnable d'une équipe de techniciens, ignorants de la physique neutronique et pressés de terminer des essais, qui ont délibérément passé outre toutes les consignes de sécurité ; en d'autres termes, c'est une organisation totalement déficiente de la sûreté des centrales nucléaires qui est à l'origine de l'accident. L'erreur eut des conséquences dramatiques car, dans la configuration atteinte alors, le coefficient de température devint positif (ce qui amplifia les moindres perturbations) et lorsque la divergence intempestive survint, la chute des barres de commande fut trop lente pour l'enrayer. (Par la suite on a remédié sur les RBMK à ces deux défauts de conception.) L'explosion de nature à la fois nucléaire et chimique qui suivit la divergence incontrôlée répandit des quantités considérables de radioactivité qui se dispersèrent sur une bonne partie de l'Europe. C'est, là encore, le résultat d'une conception défaillante, l'absence d'enceinte de confinement. (Cela ne pourra évidemment pas être corrigé sur les autres RBMK.)

[© SFEN/GR21. Source : Pr Aurengo.]

Figure 3.22. L'accident de Tchernobyl a été provoqué par l'emballement du réacteur. La puissance dégagée a été multipliée par 25 en un tiers de seconde, atteignant à son maximum 500 fois la puissance normale et provoquant l'explosion qui entraîna la destruction totale du réacteur.

Les développements de la « philosophie de la sûreté » ; l'IRSN et la DGRSN

Il faut rappeler qu'en dépit de ces accidents l'industrie nucléaire est de loin l'industrie la plus sûre (il y a eu moins de victimes dans l'industrie nucléaire que dans des industries semblant peu risquées comme celle du textile ou celle de la chaussure). Ce résultat remarquable a été obtenu grâce aux efforts faits depuis l'origine pour tout ce qui concerne les rayonnements ionisants et la manipulation de produits radioactifs.

Rappelons que la sûreté des réacteurs se décline selon deux axes : la prévention (éviter l'accident) et la mitigation (en réduire les conséquences si l'accident se produit malgré les efforts de prévention). Les analyses de sûreté portent d'une part sur la conception des centrales, d'autre part sur leur exploitation, et se concluent, en définitive, par la formation des hommes.

Il est clair que l'effort doit être poursuivi pour améliorer encore la sûreté de l'énergie nucléaire. Il convient toutefois de rester raisonnable car un risque nul est de toutes façons une utopie : c'est le principe « ALARA » (as low as reasonably achievable : réduire les risques autant que raisonnablement faire se peut).

Les spécialistes de la sûreté nucléaire ont tiré de nombreux enseignements de l'accident de Three Mile Island, notamment pour simplifier la présentation des informations

Tableau 3.20. Les axes principaux de la sûreté nucléaire (adapté de : Félix Torres et Véronique Lefebvre, Chooz de A à B, EdF, 1996).

Objectif de la démarche de sûreté Protéger l'environnement et les populations contre les émissions éventuelles de substances radioactives
Principe d'interposition de barrières Au moins trois barrières entre les produits radioactifs et l'environnement Exemple pour le REP : 1) gaines des crayons de combustible 2) enveloppe du circuit primaire 3) enceinte de confinement du réacteur
Lignes de défense en profondeur (Démarche déterministe) 1) prévention des accidents assurée par la qualité de la conception et de l'installation 2) système de protection du réacteur ramenant automatiquement l'installation en fonctionnement sûr en cas de perturbation 3) systèmes de sauvegarde du réacteur 4) procédures ultimes de secours en cas d'accident
Approche probabiliste de la sûreté (Approche initiée par Norman Rasmussen et son équipe en 1975) 1) identification des séquences accidentelles et quantification par des études fiabilistes 2) étude de dispositions pertinentes de conception et d'exploitation pour des séquences dont la probabilité est jugée excessive
Retour d'expérience A) Analyse approfondie des accidents qui ont pu survenir de façon à en tirer le maximum d'enseignements (Notamment, pour les REP, l'analyse de l'accident de Three Mile Island, le 28 mars 1979, a mis en évidence le problème de l'interface homme/machine et la nécessité d'améliorer l'ergonomie de la présentation des informations) B) Recueil et analyse des incidents survenus au cours de la conception, de la construction et de l'exploitation des tranches (En France : Système de recueil des données de fiabilité et Fichier des événements) La démarche se résume par une suite de mots-clefs : Collecter — Sélectionner — Analyser — Valider — Améliorer — Transmettre — Mémoriser — Valoriser

en salle de commande et des consignes. Paradoxalement, moins d'enseignements furent tirés de l'accident de Tchernobyl, qui fut pourtant infiniment plus grave : la raison en est, d'une part, que les RBMK sont très différents des autres réacteurs (et, disons-le, obsolètes) et, d'autre part, que la cause profonde est plus liée à une « culture de sûreté » défaillante d'une grande nation qu'à des erreurs techniques.

En France, les Pouvoirs publics ont eu le souci d'éviter le plus possible que les spécialistes de la sûreté nucléaire soient à la fois juges et parties. C'est pour cette raison que l'IPSN a été détaché du CEA pour devenir, en 2002, avec l'essentiel de l'OPRI (Office de protection contre les rayonnements ionisants), l'Institut de radioprotection et de sûreté nucléaire (IRSN). Simultanément, la DSIN s'est réorganisée en Direction générale de la sûreté nucléaire et de radioprotection (DGSNR).

Les inquiétudes de l'opinion publique ; la loi de 1991 sur les déchets

L'opinion publique a bien compris que le risque nucléaire se situe à deux niveaux : d'une part, l'accident potentiel dans une installation (réacteur, usine de retraitement, etc.), d'autre part, l'accumulation des déchets radioactifs produits par cette industrie. C'est sur ces thèmes que les spécialistes sont interpellés par les médias.

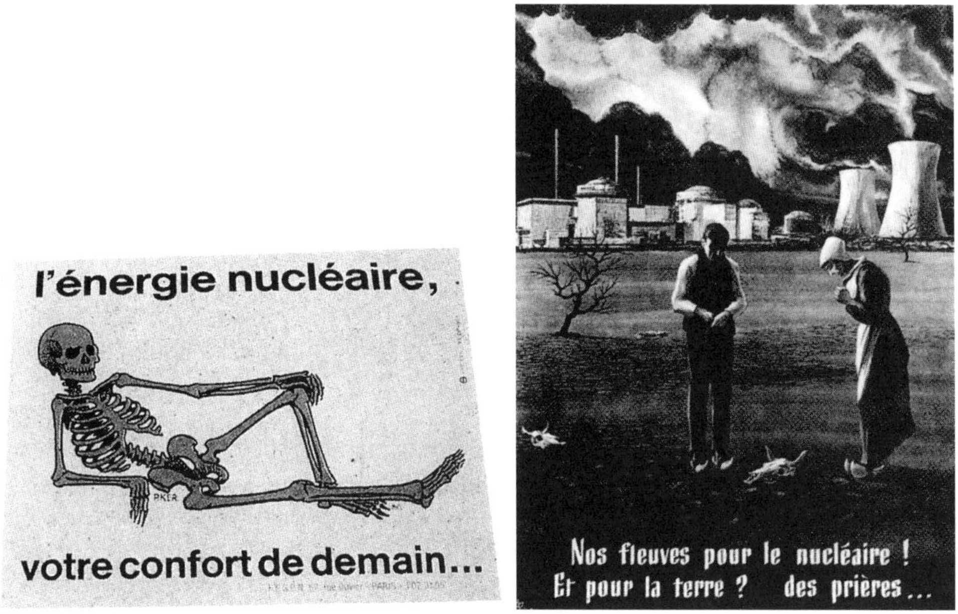

[© EDF. Extrait de « L'aventure nucléaire » de Claude Bienvenu, p. 73.]

Figure 3.23. Quelques expressions de l'inquiétude de l'opinion publique.

Nous venons d'évoquer les efforts en matière de sûreté et l'état assez rassurant de la situation, surtout, dans les pays occidentaux, même si, répétons-le, le risque zéro n'existe pas.

En ce qui concerne les déchets, il convient de préciser avant tout de quoi l'on parle. En simplifiant, on peut distinguer trois types de déchets : les effluents radioactifs, les déchets de faible activité et de durée de vie limitée et les déchets de haute activité et/ou de longue durée de vie.

1/ Les effluents liquides et gazeux sont rejetés par les usines nucléaires en toute légalité et soigneusement contrôlés : l'Autorité de sûreté a fixé des normes de rejet de produits radioactifs, calculées pour éviter tout risque pour l'environnement et les populations — le principe est de disperser ces produits dans l'espace et dans le temps —, et veille à ce

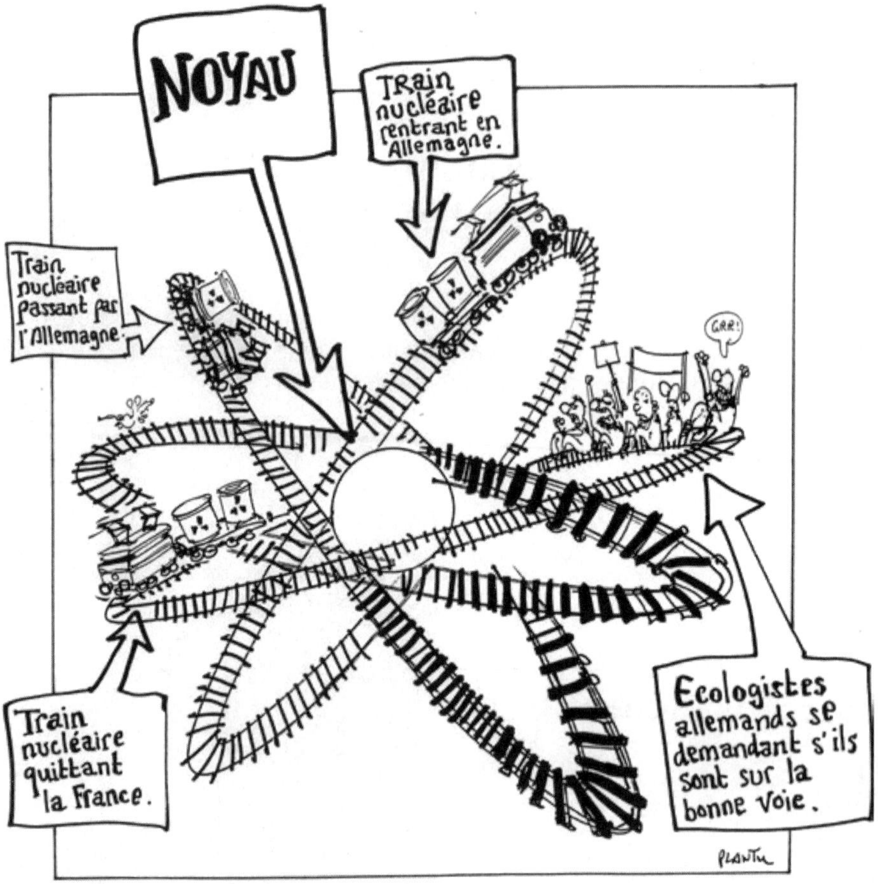

[© Plantu.]

Figure 3.24. Dessin de Plantu pour « le Monde » : manifestations contre le retour en Allemagne de déchets nucléaires après traitement à La Hague de combustibles irradiés.

qu'elles soient respectées pour délivrer l'autorisation de fonctionnement. En pratique, il s'avère que les rejets sont presque toujours très en deçà des quantités autorisées, souvent d'un facteur dix à cent. L'effet pervers de cela est d'inciter les Pouvoirs publics à abaisser les normes, en vertu du « principe de précaution », mais sans réelle justification sanitaire !

Par définition, les autres déchets ne sont pas dispersés dans l'environnement mais répertoriés, conditionnés et entreposés selon leur nature, et surveillés. En France, c'est aujourd'hui l'Agence nationale pour la gestion des déchets radioactifs (ANDRA), créée en 1979, qui a la charge de ces opérations[22].

2/ Les déchets de faible activité et de durée de vie limitée (en pratique des outils contaminés, des filtres, etc.) peuvent être conditionnés (dans un ciment, une résine ou du bitume) et stockés définitivement dans un site. Au bout de quelques centaines d'années,

[22] Outre les déchets provenant des réacteurs et d'autres branches de la recherche et de l'industrie, ainsi que des hôpitaux et laboratoires médicaux, l'ANDRA se préoccupe aussi des problèmes de « déconstruction » (démantèlement) des installations devenues obsolètes et des résidus miniers.

l'activité de ces produits sera devenue complètement négligeable et le site pourra être « banalisé », c'est-à-dire rendu propre à un usage quelconque (agriculture, parc, logements[23], etc.) En France, il existe deux sites pour de tels stockages : le premier à La Hague (Cotentin) aujourd'hui saturé, l'autre à Soulaines-Dhuis (Aube) inauguré en 1992 et prévu pour 40 à 60 ans (1 000 000 de m^3), ce dernier complété en 2003 par celui de Morvilliers et La Chaise (également dans l'Aube) pour les déchets de très faible activité.

3/ Les déchets de haute activité et/ou de longue durée de vie sont essentiellement constitués des produits de fission et des actinides mineurs séparés au retraitement des combustibles irradiés ou, si ceux-ci ne sont pas retraités, des assemblages usés complets. Ces produits présentent un réel danger pendant une durée qui peut s'étendre sur des millénaires. On ne peut donc pas admettre que la surveillance d'un stockage pourra être assurée sur un tel laps de temps. Une solution définitive s'affranchissant de toute nécessité d'intervention humaine doit être recherchée. La décision à prendre n'a aucun caractère d'urgence car les masses concernées sont faibles et peuvent être entreposées sans difficulté, sous surveillance, pendant des décennies.

[© CEA.]

Figure 3.25. Coulée de verre contenant des déchets de haute activité.

[23] Il subsistera cependant des contraintes notariales pour conserver la mémoire.

[© CEA. Archives CEA.]

Figure 3.26. Entreposage des déchets de haute activité (atelier de vitrification de Marcoule).

En France, le législateur a voulu (loi du 30 décembre 1991) fixer un cadre et un délai pour ces réflexions. Trois axes de recherche[24] ont été donnés aux spécialistes concernés de l'ANDRA et du CEA : 1/ l'étude d'un stockage à grande profondeur (quelques centaines de mètres) ; 2/ l'étude d'un entreposage à faible profondeur (quelques dizaines de mètres) ; 3/ l'étude des possibilités d'incinération de ces déchets (par irradiation neutronique) pour les détruire au moins en partie. Cette loi a donné un délai de quinze ans aux chercheurs avant un nouveau rendez-vous avec le Parlement, en 2006, pour faire le point des résultats acquis et soit adopter une solution pour le stockage de ces déchets, soit décider de poursuivre les recherches[25]. Notamment, c'est dans ce cadre général que s'inscrit l'ouverture à Bure (Haute-Marne et Meuse), en 1998, par l'ANDRA, d'un laboratoire (sans produits radioactifs) pour étudier les problèmes d'un stockage « géologique » à grande profondeur.

Cette loi a aussi occasionné un certain « retour aux sources » du Centre national de la recherche scientifique (CNRS) sur les problèmes d'énergie nucléaire : il s'en était détourné, après la guerre, au profit du CEA ; dès le vote de cette loi, une recherche en amont (données nucléaires) a été lancée au sein de l'Institut national de physique nucléaire et de physique des particules (IN2P3).

Pour terminer sur un thème un peu différent, rappelons que l'opinion reste aussi préoccupée, à juste titre, par le risque de prolifération, c'est-à-dire de l'acquisition de l'arme

[24] La loi a aussi mis en place une Commission nationale d'évaluation (CNE) faisant un point annuel de l'avancement des recherches.

[25] La loi du 28 juin 2006 prolonge ces recherches.

[© CEA.]

Figure 3.27. Chaîne blindée et boîte à gants dans Atalante à Marcoule; cette installation est notamment utilisée pour les études de séparation poussée des actinides avant transmutation.

par un pays mal intentionné. L'Irak, par exemple, a très probablement eu des velléités et des arrières pensées en ce sens, dans les années 1970 : c'est pour cette raison que les Israéliens ont détruit le réacteur Tammuz, réacteur de recherche semblable au réacteur Osiris de Saclay et livré par la France : il fut bombardé par l'aviation israélienne le 7 juin 1981, quelques semaines avant son démarrage. Son objectif avoué était la recherche; mais, aurait-il pu être détourné vers la production de matières fissiles en déjouant les contrôles de l'AIEA ? En dépit des affirmations des Américains pour justifier le guerre en Irak, il est avéré que ce pays a abandonné ensuite tout développement de l'arme nucléaire. En revanche, il semble établi que la Corée du Nord a construit une ou deux têtes nucléaires et que l'Iran a, au moins, songé à un programme d'armement nucléaire.

Outre l'arme nucléaire proprement dite, on peut également craindre le détournement de matières radioactives par une organisation terroriste pour une dispersion dans les populations (bombe « sale ») : l'effet médiatique, sinon sanitaire, serait considérable.

4 Perspectives de l'énergie nucléaire

Introduction

Autant est-il relativement aisé de retracer les grandes lignes de l'histoire, autant est-il hasardeux de dresser des perspectives à long terme : en particulier, l'expérience montre qu'en matière d'énergie nucléaire les prévisionnistes ont été le plus souvent exagérément optimistes. Par prudence, nous nous limiterons donc, dans ce chapitre, à présenter les avancées les plus récentes des recherches sur l'énergie nucléaire, qui, peut-être, modèleront les prochaines décennies.

En ce qui concerne les réalisations industrielles, l'époque actuelle est une période de calme, surtout dans les pays occidentaux, après quelques décennies qui ont vu la construction de très nombreuses centrales. Le cas français est très caractéristique : en vingt ans environ, avec la mise en service de cinquante-huit réacteurs à eau sous pression, la part du nucléaire dans la production d'électricité est passé de quelques pour cent à environ les trois quarts, ce qui, techniquement, est à peu près le maximum raisonnable compte tenu de l'apport de l'hydroélectricité et des autres énergies renouvelables, et du petit volant provenant des énergies fossiles, utile pour passer les « pointes » de consommation. Les calculs économiques ont été faits sur la base d'une durée de vie des centrales de l'ordre de trente ans. Avec le recul actuel, il paraît vraisemblable que cette durée de vie sera au moins de quarante ans, voire plus (les Américains envisagent même des durées de soixante ans pour leurs centrales les moins anciennes). C'est dire qu'en France en tout cas il n'y a pas nécessité pendant une ou deux décennies de construire à nouveau un grand nombre de centrales ; mais il est important de se préparer dès aujourd'hui au renouvellement du parc car, en matière de nucléaire, les constantes de temps sont longues.

Les techniciens mettent à profit cette période de latence — toute relative, car il faut exploiter et entretenir le parc, et améliorer la gestion du combustible[1] — pour approfondir les recherches. Il est frappant de constater le foisonnement actuel des idées qui rappelle un peu celui des toutes premières années du nucléaire. De nouveaux concepts surgissent, ou re-surgissent si un contexte scientifique et industriel différent redonne de l'intérêt à un projet qui avait été abandonné. Ensuite, le temps devra, à nouveau, faire sa sélection.

[1] Depuis la mise en route du parc REP français, le combustible MOX a été introduit dans la plupart des cœurs des réacteurs de 900 MWé et les taux d'épuisement du combustible sont passés de 33 000 MWj/t à près de 45 000, et l'on espère pouvoir monter jusqu'à environ 60 000 ; des gestions par quart de cœur et non plus par tiers ont été adoptées.

Certains de ces concepts ne sont qu'« évolutionnaires », quand ils ne font que prolonger et perfectionner les technologies existantes. D'autres, plus novateurs, donc supposant davantage de développements technologiques, et se plaçant dans une perspective à plus long terme, sont qualifiés de « révolutionnaires ». Pour illustrer ces remarques, voici un aperçu, non exhaustif, de ces tendances.

Le projet EPR

Le projet EPR est un bon exemple parmi d'autres proposés ailleurs (États-Unis, Japon...) d'un concept « évolutionnaire ».

Au début des années 1990, les ingénieurs français de Framatome et allemands de Siemens ont cherché à faire la synthèse de leurs acquis les plus récents, le N4 français et le Konvoï allemand : une filiale commune a été créée, Nuclear Power International (NPI) ; en synthétisant les meilleurs acquis respectifs, celle-ci a mis au point un projet commun, l'European Pressurized Reactor (EPR) cherchant à encore améliorer l'économie, les capacités techniques et la sûreté des REP les plus récents réalisés de part et d'autre du Rhin. En matière de sûreté, par exemple, on a placé sous le cœur un récupérateur de corium pour limiter les conséquences d'un hypothétique accident conduisant à la fusion du cœur (on désigne par « corium » le magma de matériaux fondus qui se formerait en cas d'une telle fusion). Une baisse du coût du kWh d'environ 10 % par rapport au REP standard est annoncée, grâce notamment à une durée de vie portée à soixante ans, à un allongement des taux d'épuisement du combustible et à une forte puissance unitaire (1 600 MWé).

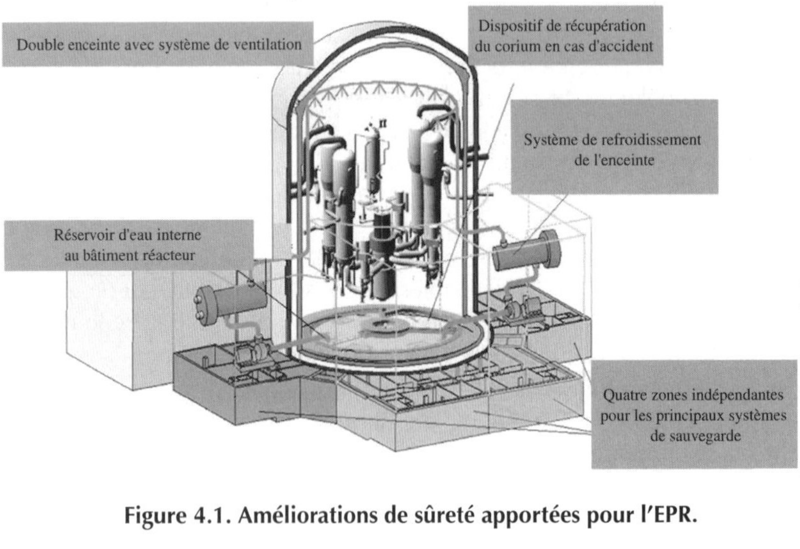

Figure 4.1. Améliorations de sûreté apportées pour l'EPR.

Les techniciens ont donné un double objectif à ce projet :

1/ constituer le modèle unique de réacteur pour les futures réalisations dans les deux pays promoteurs du produit ;

2/ renforcer par une proposition commune les chances à l'exportation.

En ce qui concerne le premier point, il est peu vraisemblable que les Allemands décideront à court terme de construire un nouveau réacteur après la décision du gouvernement Schröder de renoncer à terme au nucléaire. En France, en revanche, le gouvernement vient d'autoriser EdF à lancer la construction, à Flamanville, d'un EPR de 1 600 MWé (annonce d'EdF du 21 octobre 2004). Elle se justifie par le fait que la capacité du parc français s'avère limite en cas de pointe de consommation ; elle devrait permettre d'accroître les capacités d'exportation d'électricité vers les pays voisins (aujourd'hui, plus de 10 % de la production d'électricité par les centrales françaises est exportée) ; et, surtout, elle prépare le renouvellement du parc. La décision française viendra aussi offrir une « vitrine » à l'exportation.

En ce qui concerne l'exportation, l'espoir s'est récemment concrétisé en direction de la Finlande qui a décidé, peu avant l'annonce française concernant Flamanville, la construction d'un cinquième réacteur et qui, après un appel d'offre international, a choisi l'EPR : contrat entre AREVA/Siemens et TVO (Teollisuuden Voima Oy) signé le 18 décembre 2003 pour une troisième unité (1 600 MWé) sur le site d'Olkiluoto.

L'étude du multirecyclage du plutonium

Nous avons vu comment le plutonium produit par retraitement de combustibles irradiés avait au cours des années changé de destination : prévu pour les réacteurs à neutrons rapides, il a été introduit dans les réacteurs à eau. Ces derniers sont nettement moins efficaces que les premiers pour bien utiliser ce combustible : en particulier, les réacteurs à eau, dans la technologie actuelle, ne permettent pas de recycler une deuxième fois le plutonium[2].

Cela conduit à un accroissement continu du stock de plutonium, puisque le recyclage dans les réacteurs à eau du plutonium de première génération (celui qui provient du retraitement des combustibles standards à uranium faiblement enrichi) n'en détruit, au mieux, qu'un tiers (les deux autres tiers restent dans le combustible MOX irradié, aujourd'hui non retraité). C'est ainsi que les études de scénarios montrent qu'en quelques dizaines d'années le stock de plutonium atteint des centaines de tonnes, rien que pour la France. Même si ce plutonium a une mauvaise qualité isotopique pour une application militaire et même s'il est difficile à extraire, puisque pour l'essentiel contenu dans des combustibles irradiés fortement radioactifs, cela ne manque pas d'inquiéter[3]. Outre la crainte d'une récupération par une organisation terroriste, il y a là une source radioactive gigantesque et de longue période (des dizaines à des centaines de milliers d'années selon les isotopes) : les calculs montrent que le seul plutonium représente environ 90 % de la radiotoxicité à long terme des combustibles irradiés, le reste provenant pour l'essentiel des actinides mineurs

[2] Le retraitement du combustible MOX est possible à l'usine de La Hague, mais la composition isotopique du plutonium de deuxième génération est dégradée, ce qui réduit l'intérêt d'un nouveau recyclage et rend plus délicats les problèmes de neutronique : les plus fortes teneurs nécessaires aggravent les hétérogénéités et tendent à rendre positif le coefficient de température du modérateur.

[3] À court terme, l'extraction de ces matières serait difficile à cause de la radioactivité. À plus long terme, en revanche, lorsque la radioactivité aura décru, les stockages des assemblages standards irradiés et non retraités (dans les pays ne procédant au retraitement) ou des assemblages MOX irradiés (dans les pays recyclant une fois le plutonium) pourraient constituer pour nos descendants une véritable « mine de plutonium » à exploiter pour le meilleur... ou pour le pire.

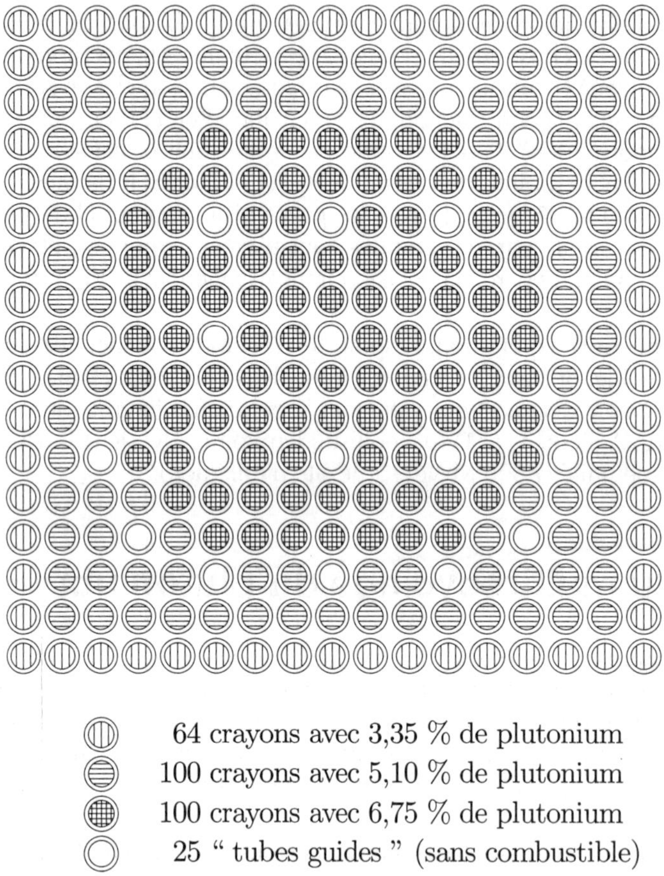

Figure 4.2. Exemple de schéma de constitution d'un assemblage à oxyde mixte uranium-plutonium pour réacteur à eau sous pression.

et de quelques produits de fission à vie longue (la radiotoxicité mesure le risque potentiel des matières radioactives entreposées ou stockées quelque part).

Ces considérations expliquent le radical changement de statut du plutonium qui a été observé il y a dix ou quinze ans : après l'avoir considéré comme une matière énergétique à valoriser, on a fait du plutonium un déchet dont il faut se débarrasser !

Pour illustrer cette évolution rappelons que le produit « phare » dans les cartons de Framatome à la fin des années 1980 était le réacteur convertible à variation de spectre (RCVS) dont l'objectif était, sans passer par la filière à neutrons rapides et l'utilisation du sodium, d'optimiser dans les réacteurs à eau à la fois la génération du plutonium par conversion d'uranium 238 et son recyclage.

Changement de décor quelques années plus tard : le CEA lance un grand programme de R&D, le projet CAPRA (consommation accrue de plutonium dans les rapides) : l'idée est de réoptimiser les réacteurs à neutrons rapides pour les transformer de surgénérateurs en consommateurs de plutonium ; pour cela, on commence évidemment par supprimer les couvertures, puis on tente de réduire le plus possible la quantité d'uranium 238 dans le cœur pour diminuer le taux de conversion en plutonium (on ne peut pas complètement supprimer l'uranium 238, sinon on perd l'« effet Doppler » qui stabilise la réaction en chaîne et évite la divergence intempestive en cas d'incident). Le projet CAPRA fut fortement ralenti après l'abandon de Superphénix et des programmes d'études associés sur les réacteurs à neutrons rapides... Quelques irradiations se poursuivent sur Phénix avec le combustible CAPRIX.

C'est pour cette raison que les techniciens revinrent vers les réacteurs à eau pour tenter d'accroître, dans ces filières également, la consommation du plutonium.

La première action est de revoir la conception des cœurs pour permettre un chargement complet et non partiel en combustible MOX : l'EPR, par exemple, pourrait ainsi être complètement chargé en combustible à plutonium. Mais comme nous l'avons dit, cela ne résout pas le problème de l'accroissement du stock, tant que le combustible MOX n'est pas retraité et le plutonium à nouveau recyclé.

C'est la raison pour laquelle des voies de multirecyclage (jusqu'au recyclage illimité) ont été étudiées pour les réacteurs à eau : la clef tient dans les modes de recyclage qui évitent l'accumulation trop importante de l'isotope 242 du plutonium qui s'avère un poison neutronique obligeant à accroître les teneurs, ce qui, finalement, compromet les coefficients de température...

Les études de neutronique ont montré que des voies de multirecyclage dans les réacteurs à eau existent. Par exemple, le concept « MIX » qui consiste non pas à concentrer le plutonium dans des éléments de combustible spécialisés, mais à le disperser dans tous les éléments avec de l'uranium enrichi légèrement moins que s'il était seul. Autre exemple, le concept « APA », lui, au contraire, hétérogène : les assemblages de combustible sont formés avec des crayons standards pour l'uranium enrichi et des combustibles spécifiques pour le plutonium, de gros tubes constitués d'une céramique incluant l'oxyde de plutonium et conçus de façon à améliorer la consommation du plutonium. Comme dit l'adage : « on n'a rien sans rien » ; il est clair que ces voies conduiraient à un notable surcoût : dans le premier exemple, il faudrait disperser le plutonium dans tous les assemblages, qui seraient tous, et non une partie d'entre eux, plus coûteux à fabriquer; dans le deuxième exemple, on aurait des tubes très délicats et très chers à fabriquer (sous réserve que cela s'avère techniquement possible).

Ajoutons que le recyclage systématique du plutonium peut régler le problème de son accumulation indéfinie et de la radiotoxicité associée mais conduit inévitablement (plus ou moins selon les voies) à un accroissement des quantités d'actinides mineurs (neptunium, américium, curium...) fortement radiotoxiques. Il laisse donc subsister le problème de la gestion à long terme des déchets nucléaires.

Nous verrons que, dans la démarche de recherche sur les réacteurs de quatrième génération, on revient aujourd'hui vers l'idée du plutonium (et de l'uranium 233) comme matières énergétiques. En effet, seule la conversion des matières fertiles naturelles — uranium 238 et thorium 232 —, beaucoup plus abondantes que la seule matière fissile que nous a fourni la nature — l'uranium 235 —, permettra d'assurer l'utilisation sur le long terme de l'énergie de fission.

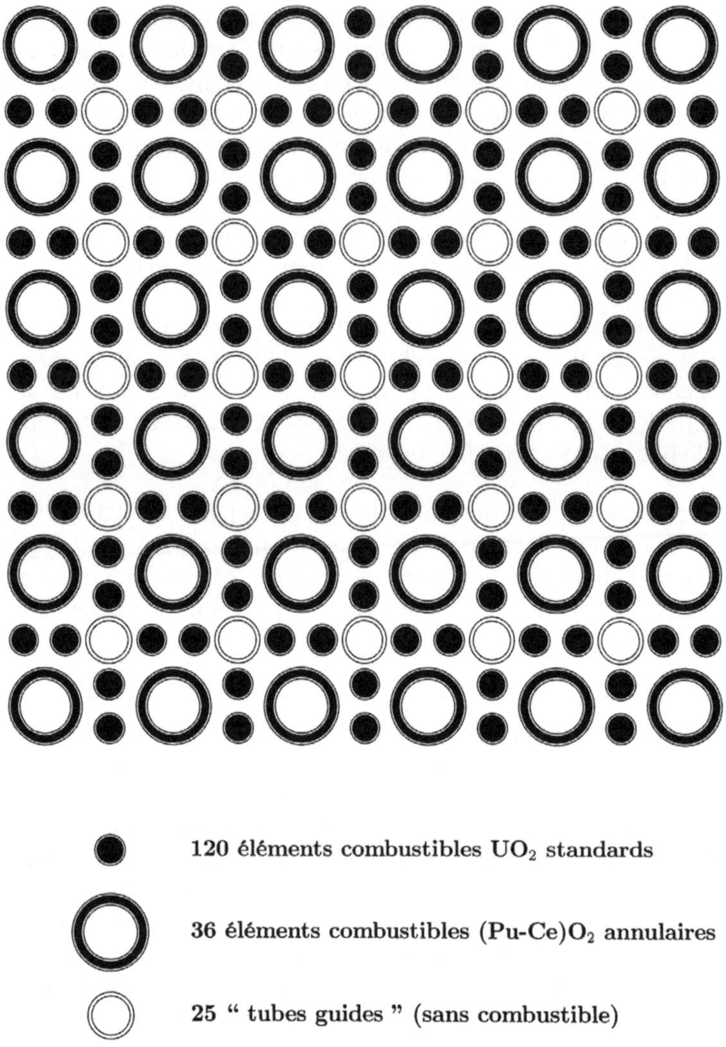

Figure 4.3. Concept « APA » : exemple de schéma de constitution d'un assemblage avancé à uranium-plutonium pour réacteur à eau sous pression.

Le recyclage des matières fissiles issues du démantèlement des armes

À la suite des accords de désarmement[4], les deux grandes puissances, les États-Unis et l'URSS, ont décidé de démanteler une partie de leurs arsenaux nucléaires. Que faire des matières fissiles ainsi récupérées ?

[4] SALT (strategic arms limitation talks) 1, signé en 1972, et SALT 2, signé en 1979 mais jamais ratifié, puis START (strategic arms reduction talks) 1, signé en 1991 et START 2, signé en 1993 ; START 3 n'est toujours pas ratifié par le congrès américain.

Les masses exactes ne sont pas connues mais sont vraisemblablement, de chaque côté, au moins de l'ordre de 500 tonnes d'uranium hautement enrichi en isotope 235 (HEU : hightly enriched uranium[5]) et de 50 tonnes de plutonium de qualité militaire très peu chargé en isotopes 240 et au-delà (WPu : weapon grade plutonium[6]). Comme il faut à peu près 20 kilogrammes de HEU ou 5 kilogrammes de WPu pour une explosion nucléaire, cela correspond respectivement à environ 25 000 et 10 000 têtes nucléaires.

Ces matières peuvent être recyclées dans n'importe quel réacteur civil et produire ainsi de l'énergie. Un accord en ce sens a été signé dès 1993 par les États-Unis et la Russie. Il a été complété en 2000 par un accord prévoyant la destruction de 34 tonnes de plutonium militaire de part et d'autre.

Pour l'uranium très enrichi, il suffit de le diluer en proportions adéquates avec de l'uranium naturel pour le rendre impropre à tout usage explosif — en éliminant ainsi le risque d'un détournement — et constituer le combustible d'un réacteur parfaitement identique au combustible usuel.

Pour le plutonium, l'idée est de l'utiliser pour fabriquer du MOX. Simplement, comme la qualité de ce plutonium est meilleure que celle du plutonium usuellement utilisé dans le MOX[7], il faut ré-optimiser les concentrations. Après irradiation, ce plutonium aura en partie été consommé et ce qui restera dans le combustible irradié aura une composition isotopique similaire à celle des MOX usuels irradiés et sera devenu impropre à un usage explosif[8].

Ce recyclage ne présente donc pas de difficulté particulière, hormis une surveillance sans défaut des matières sensibles. Il faut toutefois noter que ce type d'opérations ne peut être entrepris que progressivement pour ne pas trop perturber le marché mondial de l'uranium. Pour fixer les idées, notons que les masses que nous avons évoquées (disons environ 1 100 tonnes de matière fissile pure) correspondent à 240 000 tonnes d'uranium naturel[9], ce qui est l'équivalent de sept années de production au rythme actuel (35 000 tonnes par an).

L'étude du procédé SILVA

Même un recyclage complet du plutonium dans les réacteurs à eau ne conduit pas à une réduction de plus de quelques dizaines de pour cent de la consommation d'uranium enrichi, donc de celle d'uranium naturel et de travail d'enrichissement. C'est dire que tout progrès possible dans cette dernière voie reste utile.

La France (par le CEA), après les États-Unis, s'est ainsi intéressée, à partir de 1985, aux procédés d'enrichissement par laser. La voie la plus prometteuse, celle en tout cas qui a été choisie en France, est celle du procédé SILVA (séparation isotopique par laser en vapeur

[5] Plus de 90 % d'uranium 235.

[6] Moins de 6 % de plutonium 240.

[7] Assez chargé en isotopes supérieurs, puisque issu du retraitement d'un combustible fortement irradié.

[8] Deux accords franco-russes, AIDA (programme d'aide au démantèlement des armes nucléaires de la Russie) 1, signé en 1992, et AIDA-MOX 2, signé en 1998, ce dernier impliquant aussi l'Allemagne, ont permis d'étudier les modalités techniques. Les États-Unis ont aussi lancé des études : rappelons qu'une irradiation expérimentale de quatre assemblages MOX à plutonium d'origine militaire démarre en 2005 dans la centrale américaine de Catawba.

[9] Le calcul se fait en prenant une teneur de 0,71 % en masse en isotope 235 dans le minerai et de 0,25 % environ dans l'uranium appauvri rejeté par l'usine de séparation isotopique.

atomique d'uranium). Le principe est de vaporiser de l'uranium métallique, d'irradier la vapeur par différents faisceaux lasers de longueur d'onde très soigneusement ajustée de façon à exciter et ioniser un isotope (l'uranium 235) et pas l'autre, puis de faire une séparation par un champ électrique. Théoriquement, on pourrait imaginer une séparation complète en une seule étape ; en pratique, à cause de problèmes de remélanges, on obtiendrait un uranium enrichi à quelques pour cent d'uranium 235 directement utilisable dans les réacteurs à eau, et cela à un coût énergétique infiniment moindre que l'usuelle diffusion gazeuse (gain estimé à un facteur 20) et même que l'ultracentrifugation.

De façon analogue, on pourrait imaginer, par exemple, l'extraction de l'isotope 242 du plutonium pour en faciliter le recyclage, voire, dans un contexte militaire, l'extraction de l'isotope 239.

Des difficultés technologiques imprévues semblent être survenues : les Américains ont renoncé à ces développements et les Français ont fortement ralenti les programmes de recherche. Aujourd'hui, AREVA annonce que la future usine de séparation isotopique de l'uranium, Georges Besse 2, destinée à remplacer Eurodif, utilisera l'ultracentrifugation (procédé moins gourmand en énergie que la diffusion gazeuse actuellement mise en œuvre dans l'usine Georges Besse 1, mais plus que ce que l'on espérait des procédés par laser).

L'amplificateur d'énergie de Carlo Rubbia

Carlo Rubbia est un physicien des particules qui a été lauréat du prix Nobel en 1984 pour sa contribution à la découverte des bosons d'interaction faible. Après avoir été directeur du CERN, il s'est intéressé à l'énergie de la fission nucléaire. Les concepts qu'il a proposés, d'abord à eau et à neutrons thermiques et finalement (1995) à neutrons rapides avec refroidissement par le plomb en fusion, ont voulu répondre à deux grandes critiques faites aux réacteurs actuels : le risque d'accident en cas de situation surcritique et d'emballement de la réaction (cf. l'accident de Tchernobyl) ; la production d'abondants éléments transuraniens constituant des déchets difficiles à éliminer.

Le premier point a conduit au concept d'hybride spallation-fission. Le concept de système hybride n'est pas une idée nouvelle mais les travaux de Rubbia lui ont donné un regain d'intérêt : le cœur proprement dit est sous-critique et une réaction en chaîne de fissions autonome n'y est pas possible ; il ne fonctionne que par une source externe de neutrons. Cette source est obtenue par des réactions de spallation de protons énergétiques (environ 1 GeV) bombardant une cible formée d'éléments lourds. Les protons sont obtenus par un accélérateur basé sur le principe des accélérateurs usuels des physiciens des particules mais de bien plus forte intensité. Dans le dernier projet de Rubbia, le cœur est placé au fond d'un puits d'une trentaine de mètres rempli de plomb liquide refroidissant le cœur en circulation naturelle par effet de cheminée (pas de risque de panne des pompes !). En outre, ce plomb sert de cible pour les réactions de spallation.

Comme ces réactions donnent une vingtaine de neutrons par proton et que ces neutrons vont provoquer des fissions et produire de nouveaux neutrons susceptibles d'induire de nouvelles de fissions, la production d'énergie par fission peut largement dépasser la consommation d'énergie nécessaire pour accélérer les protons, d'où le terme d'« amplificateur d'énergie ».

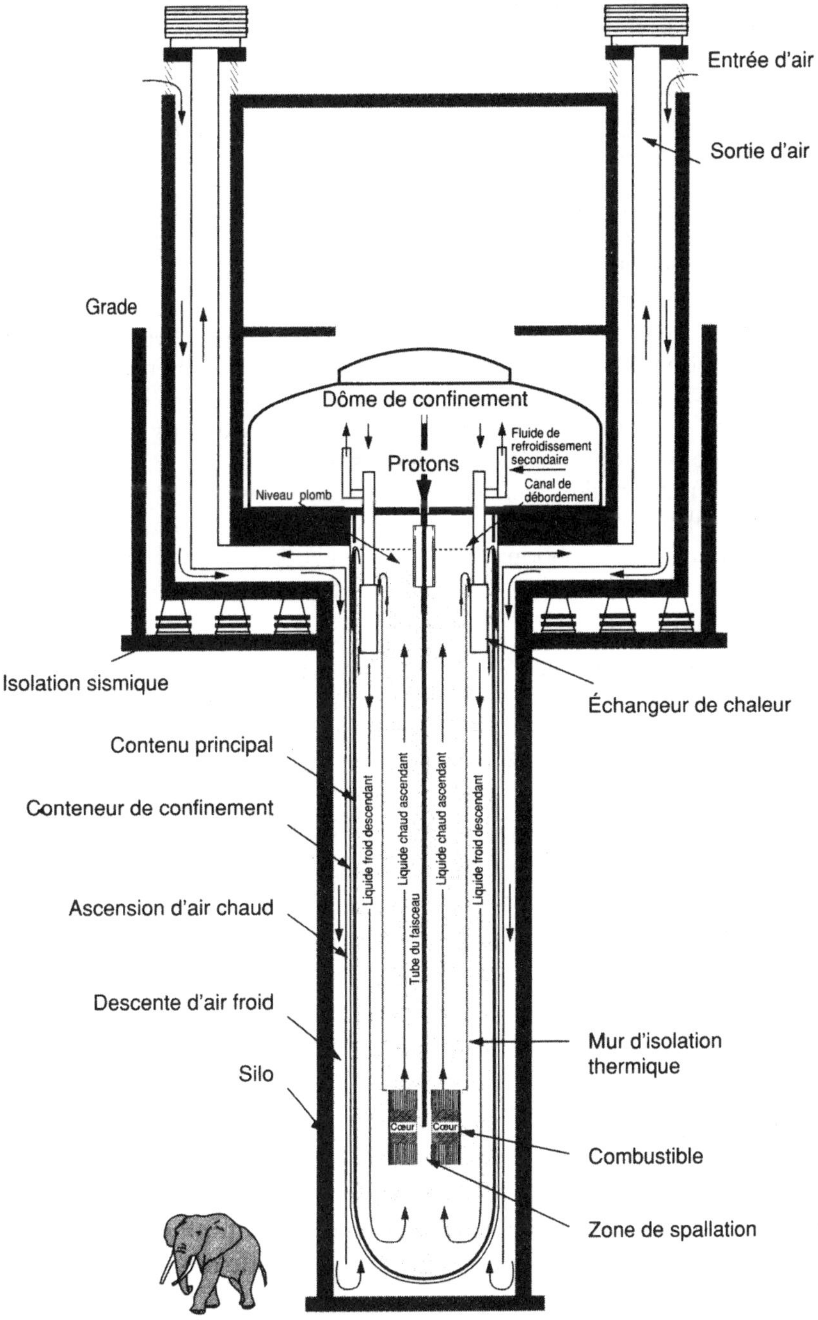

Figure 4.4. Cœur de l'amplificateur d'énergie proposé par Carlo Rubbia et ses collaborateurs (l'éléphant ajouté par Georges Charpak donne l'échelle). Sur le même site, on aurait l'accélérateur de protons et la salle des machines, voire les usines de fabrication de combustible et de retraitement.

Puisque le cœur seul est sous-critique, il suffit de couper le faisceau de protons pour stopper la réaction (dans le projet, il y a même un dispositif passif basé sur l'échauffement du plomb qui peut le réaliser sans intervention des opérateurs). Il n'y a donc en principe plus de risque d'accident de criticité. En revanche, le problème d'évacuation de la puissance résiduelle (celle des produits radioactifs) à assurer impérativement même après arrêt du réacteur reste le même que dans les réacteurs critiques.

La deuxième critique à laquelle Rubbia a voulu répondre est celle de la production des éléments transuraniens : la voie qu'il propose est de travailler avec le cycle thorium 232-uranium 233 au lieu du cycle uranium 238-plutonium 239. (Cela n'est pas non plus une idée nouvelle. Rappelons que la capture d'un neutron par l'uranium 238, l'isotope le plus abondant de l'uranium naturel, donne le plutonium 239 artificiel et fissile ; de même la capture d'un neutron par le thorium 232, le seul isotope du thorium naturel, donne l'uranium 233, lui aussi artificiel et fissile.) Comme on travaille à partir d'un noyau plus petit (232 nucléons au lieu de 238) les réactions parasites, explique Rubbia, produisent forcément beaucoup moins de nucléides artificiels de grande masse (neptunium, américium, curium...) constituant des déchets de forte activité et de longue durée de vie. Si cela est indéniable, il faut toutefois signaler que le cycle thorium 232-uranium 233 donne d'autres produits (uranium 232, thorium 228, thallium 208...) qui ne sont guère plus « sympathiques » !

Notons que les deux idées, la sous-criticité et le cycle thorium, ne vont pas forcément de pair : on peut fort bien envisager un réacteur hybride à uranium 235 ou à plutonium (Rubbia lui-même l'a proposé pour éliminer le plutonium et amorcer le cycle thorium 232-uranium 233) et l'on peut aussi fort bien introduire le cycle thorium 232-uranium 233 dans les réacteurs critiques de n'importe quelle filière.

La sûreté passive

Le dispositif imaginé par Rubbia pour couper automatiquement le faisceau de protons en cas d'excursion de puissance (le plomb se dilate par échauffement et vient se déverser dans le tube vide servant au passage des protons vers le cœur) est un exemple de dispositif passif. Dans la terminologie des spécialistes de la sûreté, ce terme de « passif » désigne tout dispositif qui, en cas d'incident, rétablit automatiquement une situation saine sans que les opérateurs aient à intervenir, mais grâce aux processus physiques naturels : chute par gravité, conduction thermique, dilatation, ébullition....

Dans les concepts étudiés depuis dix ou quinze ans dans les grands laboratoires universitaires et industriels développant les réacteurs nucléaires, la sûreté passive a été très souvent prônée. C'est a priori une bonne idée évitant le risque d'erreur humaine, par exemple incontestablement à l'origine de la catastrophe de Tchernobyl. Ce n'est pas forcément, cependant, la panacée, dans la mesure où la mise en place d'organes de sûreté passive complique le dessin général et accroît la probabilité de panne. La tendance, aujourd'hui, est d'allier le mieux possible sûreté passive et sûreté active.

L'incinération des déchets radioactifs

Nous avons vu que l'opinion s'inquiète, à juste titre, du devenir des déchets nucléaires à longue durée de vie (des actinides et quelques produits de fission) et qu'en France notamment les Pouvoirs publics se sont penchés sur le problème (loi de 1991). Insistons sur le fait que la décision à prendre sur le devenir définitif de ces déchets n'est pas urgente, car le volume d'entreposage temporaire est faible, et sur le fait qu'en tout état de cause une solution satisfaisante existe, le stockage à grande profondeur dans une formation géologique adéquate. (La tendance aujourd'hui est d'envisager un stockage réversible, c'est-à-dire qui permettrait de récupérer un jour les « colis », car on ne peut jamais préjuger des progrès qui permettront de revisiter le sujet.)

L'existence d'une solution adéquate au problème des déchets de longue vie n'exclut pas bien entendu l'examen d'autres solutions. C'est ainsi que la loi de 1991 a demandé aux chercheurs (c'est le CEA qui est essentiellement concerné) d'examiner la possibilité de détruire ces déchets : c'est le programme séparation-transmutation.

En pratique, la seule voie semblant raisonnable est, après séparation des produits, celle de l'irradiation par des neutrons pour transmutation de façon à aboutir soit à un nucléide stable ou à un nucléide à courte durée de vie, soit à la fission (qui donne des produits presque tous à courte durée de vie).

Sans entrer dans les détails, notons que ces recherches montrent que, dans la plupart des exemples, l'incinération de déchets est plus efficace en neutrons rapides qu'en neutrons thermiques et qu'en tout état de cause elle n'élimine jamais intégralement ces produits, puisque les lois de décroissance par irradiation, comme par radioactivité, sont exponentielles. On peut donc ainsi espérer simplifier mais non résoudre complètement le problème des déchets à vie longue.

La source des neutrons pourrait être constituée soit des neutrons excédentaires d'un réacteur (de préférence à neutrons rapides laissant plus d'excédent), soit d'une machine à spallation dérivée de celle imaginée par Carlo Rubbia et ses collaborateurs et dédiée à l'incinération (comme les déchets concernés, essentiellement des actinides, finissent souvent par subir la fission, la machine pourrait produire autant d'énergie qu'elle en consomme).

La démarche « réacteurs de quatrième génération »

En résumant l'histoire des réacteurs, on peut distinguer :

— les réacteurs de première génération (mis en service pour la plupart avant 1970) dont une mission essentielle fut la production de plutonium à finalité militaire ou destiné aux réacteurs à neutrons rapides (en France, le programme UNGG) ;

— les réacteurs de deuxième génération (démarrant dans les années 1970) dont la principale mission fut de réduire la dépendance énergétique vis-à-vis des pays pétroliers (en France, le programme REP) ;

— les réacteurs de troisième génération (décennie 1990), dont les études ont été lancées à la suite des accidents de Three Mile Island et de Tchernobyl pour tenter d'accroître la sûreté des réacteurs précédents, notamment en s'appuyant sur davantage de systèmes passifs ; ces réacteurs devraient répondre aux appels d'offres des prochaines années (exemple, l'EPR) ;

— les réacteurs susceptibles de remplacer les réacteurs actuels lorsqu'ils atteindront leur fin de vie, qu'on a donc qualifiés de « réacteurs de quatrième génération ». Ils illustrent les concepts « révolutionnaires » par opposition aux concepts « évolutionnaires ».

Nous l'avons dit, les quinze ou vingt dernières années ont vu, au niveau mondial, et plus particulièrement aux États-Unis, se ralentir, voire s'arrêter, le rythme de construction de réacteurs et, par contrecoup, vu fleurir les études de nouveaux concepts pour les réacteurs susceptibles de prendre le relais des réacteurs en fonctionnement. (Cette évolution a été plus tardive en France, puisque les techniciens ont été occupés par des démarrages de centrales jusqu'aux toutes dernières années du XXe siècle ; mais elle est maintenant très nette.)

Il est apparu nécessaire de faire le tri car il n'est pas raisonnable de poursuivre le développement de dizaines, voire de centaines d'idées à première vue toutes séduisantes. C'est la raison qui a conduit le Department of Energy (DoE) américain à lancer, en 2000, une vaste réflexion, le « Forum international Génération 4 », à laquelle ont été associés neuf autres pays : Afrique du Sud, Argentine, Brésil, Canada, Corée du Sud, France, Japon, Royaume-Uni et Suisse[10]. Une centaine de concepts proposés par différents laboratoires de recherche ont été passés au crible par les groupes de travail du Forum, sur de nombreux critères (taille des unités, coûts de construction et d'exploitation, durée de vie, sûreté et risques pour l'environnement, cycle de combustible, consommation des ressources naturelles, résistance aux actes de malveillance et risque de prolifération...) et pour un horizon à moyen terme : 2030. En conclusion de ses travaux, en octobre 2002, le Forum a retenu comme prioritaires six concepts pour des recherches coordonnées dans les dix pays concernés :

— réacteur à très haute température refroidi à l'hélium, susceptible d'être dédié à la production d'hydrogène ou à la cogénération hydrogène/électricité (VHTR) ;

— réacteur à neutrons rapides refroidi à l'hélium (GFR) ;

— réacteur à neutrons rapides refroidi au sodium (SFR) ;

— réacteur à neutrons rapides refroidi par un alliage à base de plomb (LFR) ;

— réacteur à eau supercritique (SCWR) ;

— réacteur à sel fondu (MSR).

On voit que presque tous ces concepts sont surgénérateurs. Ils sont ainsi susceptibles d'apporter une contribution massive pendant des millénaires à l'approvisionnement énergétique de la planète sans dégats conséquents à l'environnement : pas d'émission de gaz à effet de serre et faible volume de « cendres », surtout si elles sont partiellement traitées et désactivées.

La France, par la voix du CEA, a exprimé son intérêt plus particulier pour les trois premiers concepts qui, fonctionnant en cycle fermé, minimiseront la consommation des ressources naturelles[11], grâce à la conversion des matières fertiles naturelles en matières fissiles, ainsi que la quantité et la nocivité à long terme des déchets, grâce à une certaine incinération in situ.

[10] L'Union européenne est associée depuis 2003.

[11] Les ressources mondiales raisonnablement assurées à moins de 130 euros par kilogramme d'uranium sont estimées à environ 3 millions de tonnes ; ce chiffre est à comparer à la consommation mondiale actuelle, 70 000 tonnes par an. L'eau de mer contient 3,3 μg d'uranium par litre, soit au total quelque 5 milliards de tonnes ; mais cette concentration est trop faible pour que ce « gisement » soit aujourd'hui économiquement exploitable.

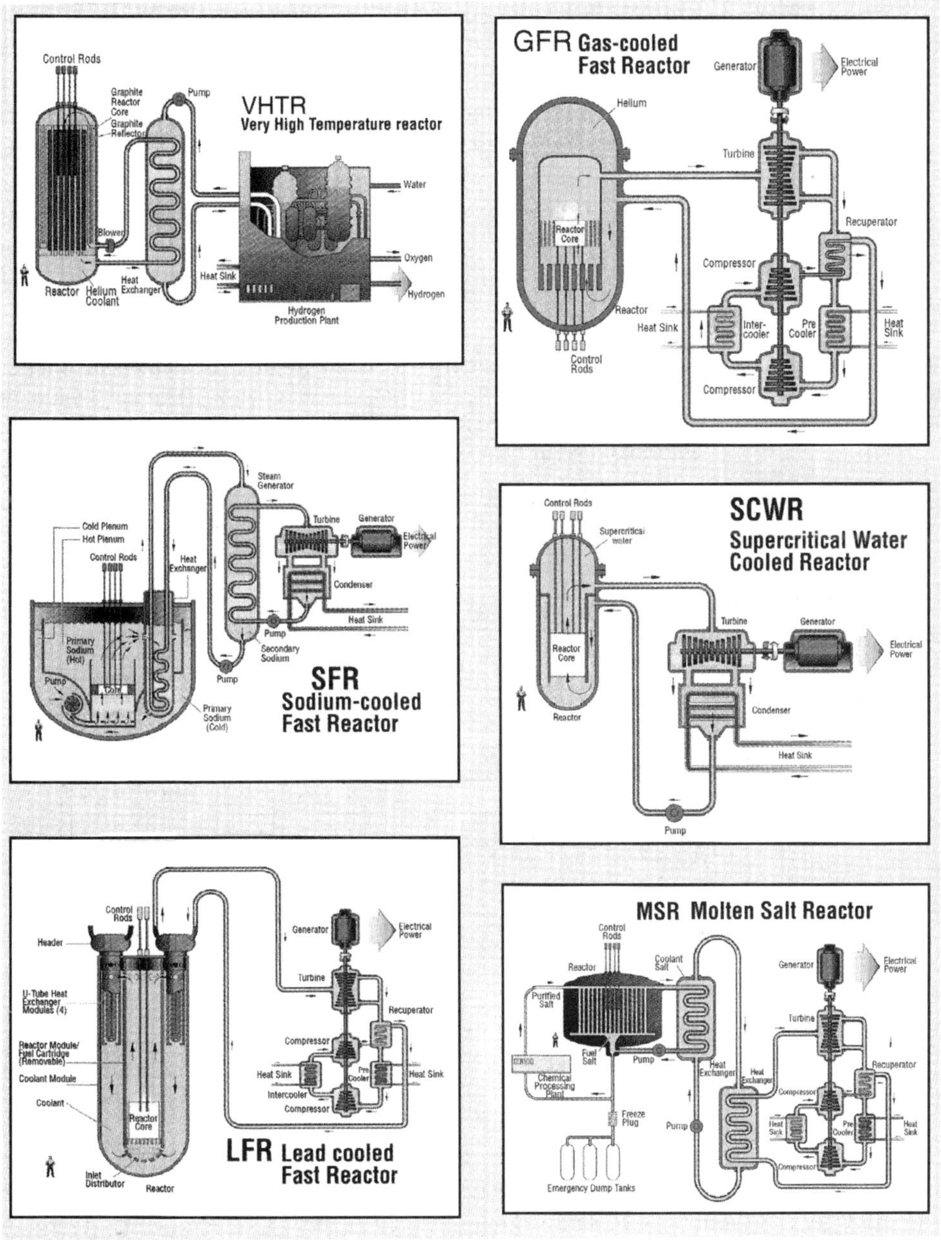

[© Documents Forum international Génération IV.]

Figure 4.5. Les six concepts prioritaires retenus par le « Forum international Génération 4 ».

Autre réflexion du même type lancée, elle, par l'AIEA, en 2000 également : INPRO (International Project on Innovative Nuclear Reactor and Fuel Cycle : projet international sur les réacteurs nucléaires et le cycle du combustible innovants). Regroupant quinze pays, ces réflexions ont permis de préciser les critères que devra satisfaire le nucléaire du futur.

EdF a procédé en parallèle à sa propre évaluation pour l'horizon 2020 environ (renouvellement du parc actuel) et l'horizon 2070 et au-delà (génération suivante) : c'est l'étude INOVACT (InNOVative reACTor concepts; évaluation des concepts innovants de réacteurs). Les trois concepts les plus prometteurs dégagés par cette étude (réacteur rapide à métal liquide, réacteur à sel fondu, réacteur rapide à gaz) font partie de la liste des six concepts retenus par le forum Génération 4.

Les choix faits par l'Institut national de physique nucléaire et de physique des particules (IN2P2) du CNRS en ce qui concerne ses recherches dans le domaine de l'énergie nucléaire (aval du cycle, utilisation du thorium, réacteurs à sel fondu...) portent plutôt sur le long terme en confirmant ces tendances.

Tableau 4.1. Ressources mondiales raisonnablement assurées en uranium, en milliers de tonnes (évaluation 2003). Avec les technologies actuelles, l'équivalence est environ : 1 tonne d'uranium naturel = 10 000 tep; avec la surgénération, le facteur est 50 à 100 fois plus grand (source : CEA, Informations sur l'énergie, édition 2005).

Zone géographique	Moins de 40 \$ par tonne	Moins de 80 \$ par tonne	Moins de 130 \$ par tonne
Amérique du Nord	297	436	680
Amérique Latine	31	92	95
UE + PECO	3	25	59
Ex-URSS	410	605	818
Afrique	266	510	641
Moyen-Orient	-	7	7
Asie + Pacifique	665	784	869
Total	1 730	2 458	3 169

La fusion nucléaire

C'est sur une échelle de temps encore bien plus vaste, celle de la durée de vie du système solaire, que la fusion nucléaire ouvre ses perspectives.

Les recherches sur la fusion nucléaire sont presque aussi anciennes que celles sur la fission, puisqu'on peut en repérer les prémices dans les années 1920 avec les premières explications sur l'énergie des étoiles.

La première application que l'homme fit de la fission fut la bombe A (Hiroshima et Nagasaki, 1945)... et la première application de l'énergie de fusion fut la bombe H (1952) pouvant dégager des milliers de fois plus d'énergie.

Comme nous l'avons vu, les applications pacifiques de l'énergie de fission se développèrent rapidement et dès les années 1980 on a pu parler de « maturité de l'énergie nucléaire ». Mais l'application civile de l'énergie de fusion n'est, encore aujourd'hui, qu'une perspective relativement lointaine.

Il existe différentes réactions de fusion libérant de l'énergie. La seule qui ait été mise en œuvre dans les armes et qui soit actuellement envisagée pour la production d'électricité est :

$$\text{Deutérium} + \text{Tritium} \longrightarrow \text{Hélium} + \text{Neutron}$$

Le deutérium est un isotope naturel constituant une partie sur 6 700 de l'hydrogène, donc abondant sur la planète si l'on considère l'énorme masse d'eau des océans.

Le tritium (isotope superlourd de l'hydrogène), en revanche, ne peut être repéré sur terre qu'à l'état de traces : il est radioactif et décroît avec une période de 12,6 ans. L'homme sait le produire en irradiant le lithium par les neutrons :

$$\text{Neutron} + \text{Lithium} \longrightarrow \text{Tritium} + \text{Hélium}$$

Il existe des gisements terrestres de lithium (il y en a cinq à dix fois plus que d'uranium) ; mais la principale réserve est l'eau de mer qui en contient 0,17 g par m^3. C'est donc aussi une matière abondante.

Dans une exploitation industrielle de l'énergie de fusion, on utiliserait le neutron libéré par la réaction de fusion pour régénérer, grâce au lithium, le tritium consommé par cette réaction[12]. Les réactions de fusion se résumeraient ainsi par l'équation :

$$\text{Deutérium} + \text{Lithium} \longrightarrow \text{Hélium} + \text{Hélium}$$

La difficulté de mise en œuvre de la réaction de fusion est la nécessité de porter les réactifs (deutérium et tritium) à une extrêmement haute température, environ 100 millions de degrés ! À une telle température, les noyaux des atomes sont complètement dépouillés de leurs électrons et la matière se présente à l'état de plasma, c'est-à-dire un mélange d'ions (les noyaux) et d'électrons.

Outre l'énorme température requise, ce plasma doit être porté à une densité suffisante pendant une durée suffisante pour que l'énergie libérée par les réactions de fusion compense celle qui est perdue par refroidissement[13]. Deux voies sont aujourd'hui explorées : la voie « magnétique » et la voie « inertielle ».

La voie inertielle consiste à accumuler l'énergie libérée par un grand nombre de « micro-bombes »[14]. L'idée est de provoquer la fusion dans de petites billes sphériques d'un diamètre de l'ordre du millimètre et contenant le mélange deutérium-tritium en les irradiant par des faisceaux intenses de particules (vraisemblablement, ce sont des faisceaux laser qui seraient les plus intéressants), puis de récupérer la chaleur produite. Le rythme devrait atteindre quelques dizaines de micro-explosions par seconde ! Cette voie est explorée par les chercheurs travaillant sur le programme de simulation mis en œuvre depuis le moratoire sur les essais nucléaires, ces micro-explosions permettant de mieux comprendre la physique des réactions de fusion dans une arme. En France, l'outil expérimental sera le « laser mégajoule » en cours de construction au CESTA près de Bordeaux et qui devrait être opérationnel à pleine puissance en 2010[15]. L'application de la fusion inertielle à la production d'électricité n'est, aujourd'hui, qu'une perspective extrêmement lointaine.

La voie magnétique consiste à confiner le plasma par des champs magnétiques intenses de façon à éviter tout contact avec les parois matérielles[16]. Diverses configurations ont été

---

[12] On placerait pour cela autour de la machine un matériau contenant du lithium — une « couverture » — où le neutron qui s'échappe de la réaction de fusion serait capturé et produirait un atome de tritium.

[13] Cela s'exprime par le critère dit de Lawson : $n\tau \geq 10^{20}$ où n est le nombre d'ions par m^3 et τ le temps de confinement en secondes.

[14] n grand et τ petit.

[15] 240 faisceaux laser délivrant 2 mégajoules.

[16] La densité n du plasma est alors faible, de l'ordre d'un cent-millième de celle de l'air ambiant ; la durée du confinement doit alors être longue : au moins plusieurs minutes.

envisagées. Les seules considérées aujourd'hui comme prometteuses sont le stellarator et surtout le tokamak[17].

Le tokamak a été inventé par Lev Artsimovich dans les années 1960. Il s'agit d'une chambre de forme torique[18] dans laquelle deux types de bobines dites « toroïdales » et « poloïdales » créent les champs magnétiques confinant le plasma autour de l'axe du tore. Ce plasma peut être chauffé par trois procédés : l'effet Joule créé par le courant circulant dans le plasma, l'injection d'atomes neutres à grande vitesse et l'absorption d'ondes électromagnétiques de hautes fréquences.

Le premier tokamak français fut le TFR (tokamak de Fontenay-aux-Roses) ; il fut suivi par Tore-Supra qui est une machine à bobines supraconductrices pour le champ toroïdal, exploitée à Cadarache pour l'étude des décharges de longue durée (plusieurs minutes) ; la plus grosse machine actuelle est le JET (Joint European Torus) exploitée à Culham (Angleterre) par une équipe internationale ; elle a atteint, en 1997, une puissance délivrée par fusion de 16 MW. Ces machines ont permis d'établir les lois physiques et de définir les dimensions d'une machine industrielle.

Figure 4.6. Le tokamak de Fontenay-aux-Roses, la première machine française, aujourd'hui démantelée.

Tableau 4.2. Quelques étapes dans le développement des tokamaks (machines françaises et programmes auxquels la France participe).

Machine	Année de mise en service	Plasma	Volume du tore (m^3)	Grand rayon (m)	Petit rayon (m)
TFR	1968	H et D	1	1	0,2
Tore Supra	1988	D	25	2,4	0,8
JET	1983	D et D-T	155	3	1,1
ITER	Projet	D-T	837	6	2

[17] Acronyme russe : Tok, courant ; Kamera, chambre ; Mak, magnétique.

[18] C'est-à-dire la forme de la chambre à air d'une roue.

[© CEA. T. Foulon.]

Figure 4.7. Vue générale de Tore Supra (machine à aimants supraconducteurs), à Cadarache, tokamak utilisé pour l'étude des décharges de longue durée (plusieurs minutes).

[© CEA. P. Fiet.]

Figure 4.8. Vue intérieure de la chambre torique à plasma de Tore Supra.

La prochaine étape sera ITER (International Thermonuclear Experimental Reactor). Initialement proposé par Mikhaïl Gorbatchev en 1985 et après de nombreuses discussions et luttes d'influence, la décision d'une installation à Cadarache (Bouches-du-Rhône) a été annoncée le 28 juin 2005. Ce projet associera l'Union européenne (plus le Canada), le Japon, la Russie, la Chine, la Corée du Sud et les États-Unis, avec une contribution supplémentaire de la France qui accueillera l'installation. Cette machine est destinée à apporter la preuve de la faisabilité industrielle de la fusion (une puissance de 0,5 GW est pré-

Tableau 4.3. Quelques ordres de grandeur des réserves d'énergie nucléaire sur Terre (Q : quantité totale d'énergie primaire consommée dans le monde en 2000, soit environ 10^{10} tep). Rappel : la durée de vie à venir du système solaire est estimée à 5 milliards d'années.

Source	Réserve (en Q)	Remarques
Uranium en REP	3	Uranium à moins de 100 euros par tonne, soit 3.10^6 tonnes. Pas de retraitement.
Uranium + Thorium terrestres avec surgénération(*)	1 000	Y compris uranium des phosphates (10^7 tonnes). Réserves en thorium équivalentes aux réserves en uranium.
Uranium de l'eau de mer avec surgénération(*)	200 000	3,3 mg/m^3, soit 5.10^9 tonnes.
Lithium terrestre (et deutérium)	2 000	12 millions de tonnes.
Lithium de l'eau de mer (et deutérium)	30 000 000	Lithium : 0,17 g/m^3, soit 2.10^{11} tonnes.
Fusion D-D Deutérium de l'eau de mer	2 000 000 000	Deutérium : 33 g/m^3, soit 5.10^{13} tonnes. Faisabilité non démontrée
Fusion H+H+H+H ⇒ Hélium (énergie des étoiles)	60 000 000 000 000	Hydrogène : 110 kg/m^3, soit 2.10^{17} tonnes dans les océans. Faisabilité non démontrée.

(*) Surgénération : gain d'un facteur 50 par rapport à l'utilisation en REP.

vue, mais sans production d'électricité ni génération de tritium dans les couvertures). On prévoit environ 10 ans pour la construction et au moins 20 ans d'exploitation.

Les promoteurs de la fusion imaginent une machine de démonstration (2 GWth) quelque vingt ou trente ans plus tard et une machine prototype (1,5 GWé, soit 4 à 5 GWth) encore quelque vingt ans plus tard.

Une des difficultés de la fusion est qu'elle est régie par une physique non linéaire, contrairement à la fission : pour cette dernière, il est possible de démarrer par des installations modestes permettant de mettre au point la technologie ; pour la fusion, un prototype producteur d'électricité ne peut pas faire moins de 1 GWé environ !

Les promoteurs de la fusion mettent en avant les avantages potentiels de cette source d'énergie : des ressources naturelles quasiment illimitées ; une grande sûreté (il n'y a pas de risque d'emballement de la réaction car le tore ne contient que 3 grammes de réactifs) ; peu de produits radioactifs (seulement 130 grammes de tritium dans l'ensemble de la machine, pas d'actinides ni de produits de fission mais seulement des produits d'activation par les neutrons) ; par d'émission de gaz à effet de serre.

D'autres experts sont plus critiques. Par exemple, Georges Vendryes conclue l'analyse qu'il fait de l'énergie de fusion par ces mots : « 1) Je ne crois pas qu'elle puisse constituer à terme prévisible une méthode pour produire des quantités significatives d'électricité ; 2) J'espère sincèrement me tromper. »

Il est clair que la fusion ouvre des perspectives rassurantes à très long terme en tant que source d'énergie pratiquement inépuisable. Mais les difficultés technologiques sont colossales : les pays les plus développés relèveront peut-être le défi ; les autres peuvent-ils compter sur cette source d'énergie ?

Conclusion : nucléaire et développement durable

Aujourd'hui, l'énergie de la fission nucléaire contribue pour environ 16 % à la production d'électricité mondiale. Techniquement, cette contribution pourrait sans aucun doute être accrue jusqu'à un niveau comparable à celui atteint en France, 75 % environ. Est-ce possible ? Est-ce souhaitable ?

Dans les développements industriels, en particulier ceux liés à la production d'énergie, les risques d'atteinte à l'environnement et d'épuisement des ressources sont devenus aujourd'hui une préoccupation majeure de l'opinion. Comment se place l'énergie nucléaire dans cette compétition, ou plutôt cette complémentarité, entre les sources fossiles d'énergie chimique (charbon, pétrole, gaz...) et renouvelables (hydraulique, solaire, éolien, géothermie...) ? Quels sont ses atouts sur le long terme ? Pour tenter de répondre à ces questions, résumons les spécificités de cette source d'énergie et examinons les défis qu'elle devra relever pour perdurer.

Les spécificités de l'énergie nucléaire

• *Aspects technologiques*

— Les réacteurs nucléaires ne sont capables, en pratique, que de produire de la chaleur, celle-ci étant le plus souvent convertie en électricité. Cela les rend mal adaptés à certains usages pourtant gros consommateurs d'énergie, notamment le transport sur routes.

— Même dans cette tâche de production d'électricité, les réacteurs nucléaires manquent un peu de souplesse par rapport aux centrales à combustible classique. C'est pour cette raison qu'on préfère, en général, utiliser les centrales nucléaires « en base » (fourniture continue de courant) en demandant aux centrales classiques de s'adapter aux « pointes » de consommation. Cependant, en France où les trois quarts de la fourniture d'électricité sont d'origine nucléaire, les ingénieurs d'Électricité de France savent moduler la production des centrales nucléaires en fonction de la demande.

— Les réacteurs nucléaires ne sont viables économiquement qu'à partir d'une certaine taille : contrairement, par exemple, à l'énergie solaire ou à l'énergie éolienne qui peut facilement être mise en œuvre à l'échelle d'une famille, les réacteurs nucléaires sont presque inévitablement des machines centralisées de grande puissance.

— La masse du combustible consommé dans une centrale nucléaire est extrêmement faible : par exemple, une grande centrale nucléaire (quatre réacteurs de 1 300 MW d'électricité) consomme chaque année 140 tonnes d'uranium ; quelques voyages de camions suffisent pour l'approvisionner ; une centrale à charbon de même puissance consomme douze millions de tonnes de combustible par an, nécessitant plus de dix trains de 3 000 tonnes par jour !

— La première conséquence de cette faible consommation est l'autonomie : un réacteur nucléaire producteur d'électricité fonctionne en continu pendant une année environ avec une charge de combustible ; il est facile d'entreposer sur le site d'une centrale des réserves d'uranium pour plusieurs années. Outre l'avantage d'une énergie anaérobie, cette autonomie s'est également avérée cruciale pour les navires nucléaires, notamment les sous-marins capables de fonctionner plusieurs mois sans faire surface.

— Deuxième conséquence de la faible masse de combustible : la faible quantité des « cendres ». C'est ainsi que la France ne produit en moyenne que 1 kg de déchets nucléaires par habitant et par an (dont 900 grammes de déchets « A » faiblement radioactifs, 90 grammes de déchets « B » moyennement radioactifs et seulement 10 grammes de déchets « C » fortement radioactifs, les seuls nécessitant une gestion rigoureuse sur le long terme) ; ces chiffres sont à comparer aux 2 500 kg de déchets industriels et domestiques de toutes natures par habitant et par an.

— Le traitement de ces déchets nécessite une attention toute particulière. Ils ne peuvent pas être dispersés sans précaution dans l'environnement comme cela est fait par exemple pour le gaz carbonique $\mathbf{CO_2}$ des centrales classiques et des véhicules routiers (en France, plus de six tonnes de $\mathbf{CO_2}$ sont rejetées par habitant et par an, et bien davantage dans les pays développés qui ont moins de centrales nucléaires). Mais les dangers de la radioactivité sont bien connus et les mesures sont précises, donc le contrôle de ces produits est facile : une gestion rigoureuse a été mise en place dans tous les pays pour les applications médicales et industrielles du nucléaire.

— Avec les technologies d'aujourd'hui (par exemple, celle des réacteurs à eau sous pression équipant la France), les réserves énergétiques de l'uranium sont du même ordre de grandeur que celles du pétrole et du gaz, soit quelques dizaines d'années au rythme actuel de la consommation. En un ou deux siècles (un instant à l'échelle de la durée de la vie sur la planète et même de l'humanité !), l'homme aura ainsi prélevé dans la nature ce qu'elle aura mis des centaines de millions d'années à accumuler. Mais contrairement au pétrole et au gaz, le pouvoir énergétique de l'uranium peut être multiplié par cent grâce à un procédé connu, la surgénération. C'est dire que s'il y lieu d'être inquiet de la pénurie prévisible de pétrole et de gaz, on peut, au contraire, tabler sur l'uranium (et le thorium) pour une fourniture d'énergie sur un beaucoup plus long terme. Avec la fusion thermonucléaire, l'horizon d'un risque de pénurie d'énergie s'éloigne même pratiquement à l'infini.

• *Aspects économiques*

— Une tranche nucléaire telles celles exploitées par EdF coûte approximativement 1,5 milliards d'euros[1], et il faut six ans pour la construire. L'uranium, en revanche, est relativement bon marché. Les centrales nucléaires se caractérisent ainsi par un important coût d'investissement et un faible coût du combustible, alors que c'est l'inverse pour les centrales classiques, à gaz par exemple.

[1] On peut retenir cet ordre de grandeur pour les réacteurs de 900 MWé qu'EdF a construit en France ou que Framatome a exporté. Le coût d'un EPR (1 600 MWé) est estimé à 2,8 miliards d'euros.

— Le coût total étant du même ordre de grandeur, l'énergie nucléaire est compétitive avec les énergies fossiles. (Hormis l'hydroélectricité, les énergies renouvelables ne sont pas aujourd'hui compétitives à cause d'un coût d'investissement très élevé.)

— Contrairement à ceux du gaz et du pétrole, ce coût est stable vis-à-vis des aléas économiques et politiques, d'une part parce que l'uranium ne représente qu'une très faible part (environ 5 %), d'autre part parce que les gisements de ce métal sont nombreux et bien répartis; les principaux se trouvent dans des pays politiquement stables : Canada, Australie, Afrique du Sud et Afrique Noire, Brésil...

— Dans les pays développés ne disposant que de peu d'énergie sur leur territoire (ce qui est le cas de beaucoup de pays d'Europe tels la France, mais aussi du Japon, de la Corée du Sud, etc.), les parties « investissement » et « exploitation » correspondent à une dépense d'argent national alors que la partie « combustible » correspond à une importation : dans ces pays, la mise en place du nucléaire réduit la dépendance énergétique vis-à-vis de l'extérieur et contribue à l'amélioration de la balance commerciale en réduisant les achats de combustibles classiques. C'est ainsi qu'en 1973, avant qu'elle s'équipe massivement en centrales nucléaires, la France dépendait de l'extérieur pour 77 % en ce qui concerne l'énergie et qu'aujourd'hui ce taux est tombé à 50 %.

— L'industrie nucléaire est une industrie à haute technicité : elle est créatrice d'emplois et nécessite un fort investissement éducatif. Pour l'industrie française c'est un point fort dans la compétition mondiale.

• *Aspects environnementaux*

— Comme pour toute centrale thermique, une partie de la chaleur produite par le réacteur ne pourra pas être convertie en électricité. La « pollution thermique » des centrales nucléaires actuelles est un peu plus importante que celle des centrales à charbon ou à gaz dont le rendement est un peu plus élevé.

— Une centrale nucléaire représente un risque potentiel très important en cas d'accident à cause de la grande quantité de produits radioactifs se formant dans le cœur. Mais ce risque a été précisément analysé et abaissé tant sur le plan de la prévention (la probabilité d'accident a pu être réduite à une valeur extrêmement faible) que sur celui de la mitigation (les conséquences d'un accident, s'il se produisait malgré la prévention, seraient minimes).

— L'énergie nucléaire représente aussi un risque par la nocivité des « cendres » qu'elle produit. Mais ce risque, également, est bien maîtrisé. Ces « cendres » sont produites en quantités relativement faibles, comme nous l'avons vu, et elles peuvent être triées en fonction de leurs caractéristiques pour être gérées au mieux. Il faut rappeler à ce sujet que, ces produits disparaissant par radioactivité, la situation ne peut que s'améliorer avec le temps, contrairement aux déchets chimiques usuels (mercure, arsenic, etc.) qui ont une durée de vie infinie. Il faut rappeler aussi que l'activité — c'est-à-dire la nocivité — est inversement proportionnelle à la durée de vie : les produits les plus actifs disparaissent vite; ceux qui ont de longues durées de vie sont peu actifs.

— En situation normale, une centrale nucléaire ne rejette qu'extrêmement peu de radioactivité sous forme d'effluents liquides et gazeux, et ces effluents sont soigneusement contrôlés. Le risque associé est totalement insignifiant. (Paradoxalement, une centrale à charbon déverse plus de radioactivité dans l'environnement qu'une centrale nucléaire;

mais il s'agit alors non pas de produits radioactifs fabriqués par la centrale, mais de produits naturels présents dans les impuretés du charbon.)

— La quantité des gaz à effet de serre, notamment de gaz carbonique, dans l'atmosphère a largement augmenté depuis le début de l'ère industrielle, ce qui devrait amener, de l'avis de la plupart des spécialistes, un changement notable dans le climat de notre planète. Que peut-on craindre lorsque de très grands pays tels la Chine et l'Inde voudront acquérir, bien légitimement, le niveau de développement industriel des pays aujourd'hui les plus avancés... L'une des spécificités du nucléaire est le fait qu'il ne produit pas de gaz à effet de serre.

— Notons enfin, même s'il ne s'agit pas à proprement parler d'un aspect environnemental, que le risque de prolifération est associé à toute industrie nucléaire : même si ni les matières, ni les problèmes physiques ne sont vraiment les mêmes, il est indéniable que la mise en œuvre d'une industrie nucléaire pacifique amène à acquérir une compétence scientifique et à manipuler des produits (surtout si les étapes d'enrichissement et de retraitement sont effectuées) qui peuvent être détournés vers des applications militaires, dans un régime politique qui en aurait les velléités (la Corée du Nord et l'Iran en sont des illustrations récentes). Le risque de détournement de matières radioactives par des organisations terroristes ne peut pas non plus être négligé. A contrario, la « dissuasion » a, depuis Hiroshima et Nagasaki, amené la paix entre les puissances détentrices de l'arme nucléaire.

Les conditions pour un avenir à l'énergie nucléaire

Cette analyse des spécificités de l'énergie nucléaire montre des avantages et des inconvénients que chacun pourra mettre en balance. Il est clair en tout cas que cette énergie ne se développera pas sans de sérieux efforts de recherche et développement pour tirer le meilleur parti des avantages, et de transparence pour convaincre l'opinion de son intérêt.

• *Poursuivre les recherches et les développements*

Même après plus d'un demi-siècle de recherches actives, de gros efforts de recherche et développement restent aujourd'hui nécessaires car la technologie des réacteurs est certainement loin d'avoir atteint l'optimum possible. La France, notamment, reste un leader en la matière. Les principaux points sont les suivants :

— Améliorer encore l'économie générale, notamment en simplifiant les installations, en réduisant les coûts de construction et en améliorant les rendements thermodynamiques (lorsque trois joules sont produits par fission dans les centrales actuelles, un est converti en électricité et deux sont dispersés dans l'environnement sous forme de chaleur ; dans les futures centrales, on espère réduire ce ratio à moins d'un joule de chaleur perdue pour un joule d'électricité produite).

— Même si la sûreté des centrales actuelles peut être considérée comme très satisfaisante, il est clair que cela peut toujours être amélioré ; il faut toutefois rester raisonnable et ne pas compromettre l'économie générale des centrales sous couvert d'une (illusoire) plus grande sûreté.

— Il en est de même pour les rejets d'effluents, non seulement par les centrales elles-mêmes qui rejettent peu d'effluents radioactifs, mais surtout par les installations connexes, en particulier les usines de retraitement du combustible irradié.

— C'est sans doute sur la gestion des déchets nucléaires qu'il y aura le plus à gagner, notamment si l'on parvient à les incinérer au moins partiellement.

— Réduire les risques de prolifération grâce à une meilleure conception générale du cycle du combustible, par exemple une intégration des différentes étapes sur un même site facilitant la surveillance, reste un axe de recherche prioritaire. Cela est particulièrement vrai si l'on veut généraliser le recours à l'énergie nucléaire.

— Jusqu'à aujourd'hui, la mise en place d'installations nucléaires a essentiellement été l'apanage des pays les plus développés. Il est clair que l'énergie nucléaire n'aura un avenir que si elle sait s'adapter aux pays moins développés. Cela nécessitera beaucoup d'efforts de recherche, non seulement pour simplifier davantage les conceptions et réduire les coûts, ce qui est un objectif général, mais aussi pour répondre aux nécessités plus spécifiques de ces pays : grande robustesse pour autoriser une exploitation sans risque par les autochtones; réduction des tailles des unités, car les réacteurs actuels sont trop gros pour répondre aux besoins immédiats de ces pays et pour être placés sur les réseaux électriques; adaptation à des besoins spécifiques, en particulier le dessalement d'eau de mer, car dans beaucoup de ces pays la pénurie d'eau est encore plus cruciale que la pénurie d'énergie.

— L'adaptation de l'énergie nucléaire à d'autres usages que l'électricité reste un défi : en particulier, beaucoup d'espoirs sont aujourd'hui mis dans le « vecteur hydrogène » : une source d'énergie — qui pourrait être nucléaire — réaliserait la séparation de l'eau en ses composants, hydrogène et oxygène; puis l'hydrogène pourrait se substituer à d'autres carburants, notamment pour le transport routier, avec l'avantage de ne donner que de l'eau et pas de gaz carbonique. Mais ces dispositifs, loin d'être au point, nécessiteront de longues recherches.

— Enfin, il faut souligner que l'énergie nucléaire de fission n'aura un avenir à long terme que si elle sait utiliser complètement, grâce à la surgénération, les ressources naturelles que sont l'uranium et le thorium; de nouveaux concepts, si possible suscitant moins d'inquiétudes que les réacteurs à neutrons rapides à sodium, devront être imaginés et développés. Vaste sujet de recherches! Et à plus long terme, la fusion prendra peut-être le relais de la fission : vaste sujet de recherches, là aussi!

• *Assurer la formation des spécialistes*

Un tel programme de recherches ne se fera pas sans de nombreux spécialistes de haut niveau. Il est important que l'on conserve, voire développe, les moyens de former les chercheurs, ingénieurs et techniciens capables de le mener à bien.

Il faut aussi que ces spécialistes sachent non seulement communiquer entre eux, mais aussi transmettre de façon compréhensible la connaissance vers le public extérieur.

• *Obtenir l'adhésion du public*

En effet, aussi performants et sûrs que pourront être les systèmes, s'ils n'obtiennent pas l'adhésion de l'opinion, ils n'auront aucune chance de se développer. Si tant est que cela ait été le cas autrefois, il est clair que les citoyens d'aujourd'hui ne sont plus prêts à faire une confiance aveugle aux techniciens et scientifiques « qui savent ». Une attitude plus ouverte des chercheurs et ingénieurs est nécessaire, dans trois directions :

— Apprendre à communiquer : expliquer les problèmes scientifiques et techniques en termes simples et ainsi rassurer l'interlocuteur.

— Faire preuve de transparence, c'est-à-dire ne pas cacher les difficultés et les problèmes, s'il y en a, et en même temps désamorcer les fausses inquiétudes.

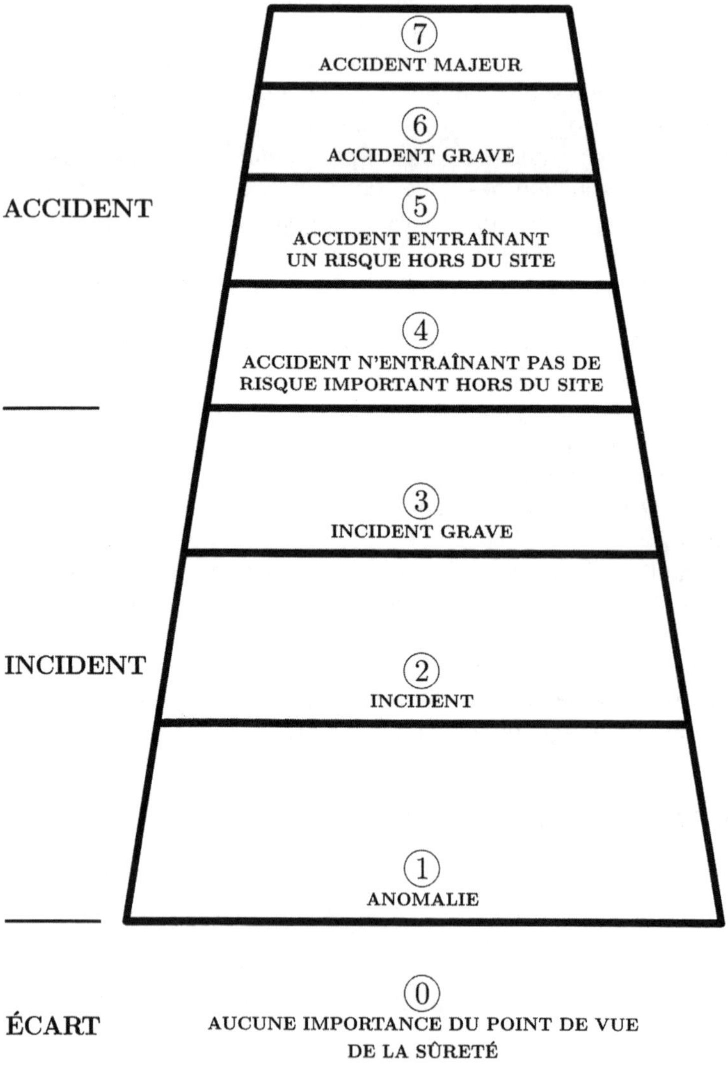

Échelle internationale des événements nucléaires (INES : International Nuclear Event Scale). Cette classification des incidents et accidents a grandement contribué à une meilleure appréciation par l'opinion de leur importance (source : ASN).

— Associer les citoyens, par leurs représentants, aux décisions, pour les impliquer (la loi votée par le Parlement le 30 décembre 1991 pour organiser les recherches sur les déchets est un exemple à généraliser).

À ce sujet, il faut saluer le rôle qu'ont joué et jouent de plus en plus les sociétés savantes, telles la SFEN (Société française d'énergie nucléaire), qui, après l'ANS (American Nuclear Society), ont été créées dans tous les pays ou groupes de pays impliqués par les développements de l'énergie nucléaire. Elles remplissent une double mission : promouvoir en leur sein les échanges d'informations techniques; informer le public objectivement et sans parti pris.

On peut aussi citer comme exemple à saluer le Débat national sur les énergies organisé en France au premier semestre 2003 à l'initiative de Nicole Fontaine, ministre déléguée à l'Industrie.

Les atouts de l'énergie nucléaire pour un développement durable

En résumé, l'énergie nucléaire dispose de trois atouts principaux :

- *Les risques sont maîtrisés.*
- *Elle n'émet pas de gaz à effet de serre.*
- *C'est une source d'énergie assurée à un horizon pratiquement illimité.*

Elle ne répondra certainement pas à tous les besoins : ne développer que cette source d'énergie n'aurait pas de sens; au contraire, toute source d'énergie, chacune avec ses spécificités, a son domaine propre. Seul un « bouquet énergétique », alliant toutes les possibilités et jouant au mieux des complémentarités, pourra satisfaire les besoins croissants de l'humanité.

Inversement, abandonner l'énergie nucléaire n'aurait pas de sens non plus : ce serait priver les générations futures d'une source potentielle. Un simple « principe de précaution » — préserver l'avenir — nous oblige à ne pas abandonner les recherches et développements sur les réacteurs, et à poursuivre des réalisations.

POSTFACES ET ANNEXES

Le témoignage d'un acteur de cette histoire

La théorie des réacteurs à Saclay de la règle à calcul à nos jours

Un regard sur le passé

Pierre Benoist

La physique des réacteurs est une science hybride. Ce n'est pas une science fondamentale, encore que certains, par une curieuse déviation de l'esprit, aient pu avoir la tentation de la considérer comme telle. Cette tentation est effectivement grande, tant certains problèmes qu'elle soulève sont fascinants pour l'esprit. Mais c'est pourtant une science hybride, car elle participe à la fois de l'art du chercheur et de celui de l'ingénieur, et en ce sens elle est une technique. Or que veut avant tout l'ingénieur : réaliser, construire. C'est bien grâce à lui que les automobiles roulent, que les avions volent, que nous sommes éclairés quand il fait nuit et chauffés quand il fait froid. Il y a fort à parier que si ces réalisations étaient confiées à de purs chercheurs, nous irions à pied, travaillerions à la chandelle et grelotterions en hiver. Au contraire que veut le chercheur : avant tout, comprendre ; pour l'expérimentateur, imaginer, réaliser et interpréter une expérience qui jettera la lumière sur un phénomène nouveau ; pour le théoricien, bâtir la théorie d'un phénomène, ou une méthode de calcul. Mais la frontière entre ingénieur et chercheur n'est pas une barrière infranchissable. Celle-ci est évidemment, et d'ailleurs heureusement, un peu floue. Certains tempéraments peuvent aller et venir d'un domaine à l'autre. Ce qui distingue essentiellement l'ingénieur du chercheur concerne le référentiel temporel. L'ingénieur est pressé d'aller vers l'avant dans la conception et la réalisation ; n'ayant pas toujours le temps d'approfondir les très nombreux phénomènes qu'il doit prendre en compte, il doit parfois se contenter de formules empiriques ; après tout les premiers avions n'étaient jamais qu'un assemblage de bouts de bois et de bouts de ficelle, et ils volaient ; l'ingénieur n'a pas attendu le résultat de recherches ultra-sophistiquées sur la turbulence pour les construire. Le chercheur au contraire, plus focalisé dans l'étude de phénomènes particuliers, pourra s'attacher à la compréhension de tel ou tel d'entre eux[1].

[1] Notons que ce processus de compréhension passe généralement par des blocages successifs et n'est, ni linéaire en temps, ni toujours facilement prévisible (hélas). De même que personne n'a encore réussi à faire mûrir des tomates en l'espace de deux minutes, la compréhension d'un phénomène un peu complexe demande un certain temps de maturation, variable suivant les problèmes et les individus, mais par essence incompressible, même en travaillant jour et nuit. En d'autres termes ce long fleuve n'est tranquille qu'en apparence.

C'est ainsi que, depuis plus d'un demi-siècle, la réalisation et les méthodes de calcul des réacteurs nucléaires ont progressé. Bien que ceux-ci mettent en jeu un grand nombre de disciplines, c'est bien sûr de la neutronique, science fondatrice de la physique des réacteurs, que nous parlerons ici. Paul Reuss et moi avons vécu ensemble cette belle aventure et, comme je suis plus ancien que lui, il m'a proposé de rassembler mes souvenirs dans son livre. C'est en toute amitié que je vais laisser couler ma plume et essayer de répondre à sa demande.

Je compris assez tôt dans quelle bande du spectre je pourrais trouver mon chemin. Mes débuts dans la physique ont été ceux d'un expérimentateur, puisque j'ai travaillé pendant quinze mois, sur la pile Zoé, avec Lew Kowarski, qui fut un des pionniers de la neutronique avant la guerre en France, puis, pendant la guerre, en Angleterre et au Canada. Cependant je me rendis compte assez vite que, soit manque de patience, soit manque d'adresse digitale, l'expérimentation ne serait jamais mon fort. La théorie, au contraire, m'attirait, et j'entrai au Service de physique mathématique. Le SPM était un sigle prestigieux. Des noms éminents l'ont dirigé et l'ont marqué de leur empreinte : Jacques Yvon, Jules Horowitz, Claude Bloch, Jean Bussac.

À cette époque — c'était dans le courant des années cinquante — les théoriciens fondamentaux et les théoriciens des réacteurs étaient mélangés au sein du SPM. J'ai donc pris part aux deux disciplines, mais ai peu produit en physique fondamentale — physique nucléaire et des particules — qui était déjà alors une science très structurée (j'ai cependant pris un plaisir extrême au calcul, sous la direction de Jules Horowitz, de la section efficace de la réaction $p + p \rightarrow d + \beta^{+} + neutrino$). La physique des réacteurs au contraire était une science presque neuve, au moins en Europe, et offrait un champ de découverte plus immédiatement accessible. Après avoir essayé de mener de front les deux activités, c'est finalement vers elle — plus particulièrement vers la neutronique — que je m'orientai. Mais physique nucléaire et physique des réacteurs nucléaires n'ont que peu de connexions (hormis dans les études de données nucléaires, et celles concernant les résonances). En fait, physique nucléaire et physique des réacteurs ont longtemps fait, et font peut-être maintenant encore, l'objet d'une confusion dans l'esprit du grand public ; au début, et pour des raisons différentes, l'une et l'autre ont bénéficié de ce flou. Elles n'ont pourtant que peu de points communs. L'une est quantique, l'autre ne l'est pas ; c'est en quelque sorte un jeu de billard à trois dimensions très perfectionné.

J'adopterai donc ici le point de vue du neutronicien, et du théoricien, ce qui est conforme à l'esprit du livre de Paul Reuss.

D'une certaine manière la neutronique est une science simple. L'équation qui régit la propagation des neutrons dans un réacteur est bien connue. Elle est pratiquement rigoureuse. C'est l'équation de Boltzmann de la théorie cinétique des gaz. La nature faisant bien les choses, le nombre de neutrons présents dans un réacteur est toujours extrêmement faible devant le nombre de noyaux, si bien que deux neutrons ont à peu près autant de chances de se rencontrer que deux fourmis lâchées en plein Sahara. Les neutrons ne rencontrent que des noyaux, et sont de plus trop rares pour perturber le comportement moyen de ces noyaux, ce qui rend l'équation linéaire. Mais cette simplicité apparente est largement compensée par des difficultés de résolution. Les sections efficaces d'absorption, de fission ou de diffusion sont souvent horriblement chahutées, par suite des niveaux d'excitation de ces noyaux. D'autre part, les mécaniciens et les ingénieurs, qui ont leurs propres problèmes et leurs propres contraintes[2], n'ont pas contribué à simplifier les choses, compliquant géométriquement les structures, ruinant par des irrégularités l'ordonnance d'un réseau régulier comme un jardin à la française. Hélas, les exigences industrielles ne font pas nécessairement bon ménage avec l'esthétique d'une théorie.

On doit admettre qu'en ces temps de défrichement, malgré quelques publications anglo-saxonnes de grande valeur, on ne connaissait en France, somme toute, que bien peu de choses sur les méthodes de calcul d'un réacteur. D'autre part les moyens de calcul numérique étaient chez nous extrêmement sommaires. Contrairement aux États-Unis, qui ont possédé assez tôt des calculateurs électroniques, les outils dont disposait le SPM n'étaient que de simples calculatrices mécaniques, ce qui bridait considérablement les ambitions du théoricien, tant pour le volume du calcul que pour sa rapidité. Ces calculs numériques n'étaient d'ailleurs pas effectués par le théoricien lui-même, qui se contentait de la règle à calcul pour de simples estimations, mais par un bureau de calcul, intégré au SPM, utilisant des machines mécaniques élaborées pour l'époque, et qui rendait au théoricien des services indispensables. Un calcul numérique pouvait prendre plusieurs jours. Il arrivait parfois, pour des calculs exceptionnels, que le bureau de calcul tout entier fût réquisitionné pour une bonne semaine[3].

Partant de bien peu de chose, la neutronique était alors une science à inventer. Les problèmes se ramassaient à la pelle. L'équation de base de la neutronique étant, comme nous l'avons vu, l'équation de Boltzmann, que nous appellerons désormais équation du transport des neutrons, il était normal que les premières recherches portassent sur la résolution de cette équation dans des géométries simples. Les méthodes numériques étant bien peu utilisables avec les moyens de calcul disponibles, force fut donc de faire appel, au début, à des méthodes purement analytiques. Or, quelques décennies auparavant, les astrophysiciens avaient mis à profit ces méthodes pour l'étude de la propagation des photons, qui obéit à la même équation que celle des neutrons. Les neutroniciens reprirent donc la même voie analytique. Un travail considérable fut réalisé dans ce domaine pendant la guerre et l'immédiat après-guerre par l'équipe canadienne de Montréal. Ces travaux furent rendus publics vers 1946-47 sous forme de rapports référencés M-T (Montreal-Theory)[4]. Mais les problèmes résolus de cette manière élégante étaient canoniques et très stylisés. Ces études eurent néanmoins le très grand mérite de fournir des paramètres fondamentaux qui s'avérèrent extrêmement utiles par la suite.

---

[2] C'est ainsi que G1, le premier réacteur de la filière UNGG, construit à Marcoule, et le seul refroidi à l'air, comportait en son plan médian une fente vide de 8 cm, dont le but était de diminuer la perte de charge dans les canaux de refroidissement. Cette situation posait un problème neutronique. La théorie de la diffusion, dont nous parlerons plus loin, étant absolument inutilisable dans un tel problème, il fallut recourir à la théorie du transport. J'obtins, au moyen d'une méthode variationnelle, une perte de réactivité de l'ordre de 4000 p.c.m. (pour cent-mille) pour cet effet de fente.

[3] Une anecdote : j'ai souvenir d'un jeune stagiaire qui passa quelques semaines au SPM, et à qui fut confié un travail hautement valorisant. Il s'agissait de vérifier l'expression d'un déterminant d'ordre élevé à éléments algébriques. On utilisa pour cela une « méthode d'empoisonnement », analogue à celle utilisée par les expérimentateurs pour déterminer la hauteur critique d'un réacteur à modérateur liquide. On introduisit donc dans le calcul des erreurs artificielles, partant de l'hypothèse asymptotique qu'une fois ces erreurs corrigées, les autres le seraient automatiquement. Quelques âmes sensibles s'émurent à juste titre de cette pratique barbare, qui ne fut pas renouvelée.

[4] Une lecture « revisitée » de ces nombreux rapports a été faite il y a quelques années dans un très intéressant article de M.M.R. Williams : « The Development of Nuclear Reactor Theory in the Montreal Laboratory of the National Research Council of Canada (Division of Atomic Energy) 1943-1946 », Progress in Nuclear Energy, **36**, 239-322 (2000). D'autre part le texte complet de ces rapports est disponible sous forme de CD à l'AEN, Issy-les-Moulineaux.

Devant l'impuissance des méthodes purement analytiques pour le traitement de cas plus proches de la réalité, force était bien d'explorer des méthodes que l'on peut appeler semi-analytiques (en fait on les considère aujourd'hui comme une forme particulière de méthodes numériques). La première en date fut la méthode des harmoniques sphériques, P_N, qui consiste à développer, dans l'équation de transport, le flux angulaire en tout point en N harmoniques sphériques de la direction du neutron[5]. On remplace ainsi l'équation intégro-différentielle par un système de $N+1$ équations différentielles d'espace. Bien que cette méthode ne converge pas très vite, c'était un outil fort utile. À son ordre le moins élevé, P_1, elle se réduit à l'équation de diffusion, une équation très classique, faisant intervenir l'opérateur laplacien, et qui apparaît dans une quantité de domaines de la physique. Mais, contrairement à l'équation du transport, l'approximation de diffusion fait perdre l'aspect corpusculaire de la propagation des neutrons (en d'autres termes l'aspect « jeu de billard »); elle fait apparaître le gaz de neutrons comme un fluide continu. Dans son domaine de validité, c'est-à-dire au sein d'un milieu matériel de grandes dimensions et peu absorbant ou peu multiplicateur, c'est une bonne approximation, qui est d'ailleurs toujours utilisée, en raison de sa souplesse, pour des calculs à l'échelle du réacteur.

Le calcul macroscopique du réacteur s'effectuait donc en théorie de la diffusion dans un modèle de cœur homogène cylindrique (avec dépendance axiale du flux en cosinus) entouré d'un réflecteur. Ce calcul de diffusion multigroupe qu'on peut appeler — et qu'on appelle toujours — calcul en mode fondamental, a constitué, depuis une bonne cinquantaine d'années, la base des calculs macroscopiques de réacteur.

Mais en ces temps mérovingiens, les limites du calcul apparaissaient bien vite. En théorie à un groupe de neutrons, on pouvait se permettre de diviser le cœur en un très petit nombre de zones concentriques différentes. À deux groupes, on ne pouvait se permettre que d'étudier un cœur homogène avec réflecteur. On s'aperçut ainsi assez vite que le calcul en théorie de la diffusion à un groupe de neutrons était notoirement insuffisant, mais que le calcul à deux groupes — un de neutrons thermiques, un de neutrons rapides — faisait apparaître un phénomène fondamental, une « bosse » de neutrons thermiques dans le cœur, au voisinage de la frontière du réflecteur, et dans le réflecteur lui-même. L'explication ne tarda pas : la bosse était due aux neutrons thermiques renvoyés par le réflecteur après que les neutrons rapides s'y fussent ralentis.

Ces calculs de diffusion macroscopique, en dépit de leurs limitations liées aux moyens de calcul insuffisants, ne soulevaient pas de problèmes de principe. Les difficultés étaient ailleurs.

Modéliser un cœur hétérogène (ou une partie de cœur hétérogène) par une zone homogène supposée équivalente posait un problème beaucoup plus délicat. Toute la difficulté résidait dans le sens à donner au mot « équivalent ». Ce cœur hétérogène est formé d'un réseau de cellules identiques, carrées ou hexagonales, comprenant modérateur, combustible central et éventuellement canal de refroidissement et gaines. Pour styliser le problème, on considéra ce réseau étendu à tout l'espace, ce qui rendait le flux périodique. Pour pouvoir travailler en géométrie à une dimension, la cellule était figurée par une cellule circulaire de même section (approximation de Wigner et Seitz). Le problème était

[5] Il faut citer aussi la méthode double-P_N, de Jacques Yvon, qu'il baptisa méthode Janvier, car Janus était un dieu à double face. Elle consistait à effectuer en tout point deux développements du flux angulaire, l'un sur la demi-sphère des neutrons dirigés vers les x positifs, l'autre sur la demi-sphère des neutrons dirigés vers les x négatifs. Cette méthode donna de très bons résultats en géométrie plane et en géométrie sphérique ; elle convergeait beaucoup plus vite que P_N. Mais elle était d'un emploi difficile dans les problèmes à deux dimensions.

donc de déterminer, pour ce réseau infini (ou, ce qui revient au même, pour la cellule réfléchie) les paramètres homogénéisés équivalents, destinés à être introduits dans le calcul macroscopique à deux groupes. Notons que ce problème de l'homogénéisation, qui a fait l'objet de nombreux travaux très élaborés, est toujours d'actualité.

Le plus important de ces paramètres était le facteur de multiplication infini. Il avait été exprimé sous une forme particulièrement simple par Enrico Fermi et son équipe de Chicago dans les premières années 40. Remarquant que les événements que peut subir un neutron au cours de sa vie — fission à l'état rapide, jeu de saute-mouton au-dessus des résonances, capture ou fission à l'état thermique — sont, en pratique, totalement décorrélés, ils établirent la célèbre « formule des quatre facteurs » qui, si elle n'a plus de nos jours qu'un intérêt pédagogique, a rendu d'immenses services pendant de nombreuses années.

L'homogénéisation d'une cellule requiert la connaissance de ces facteurs ou, pour adopter un point de vue équivalent, la connaissance des taux relatifs d'absorption dans chacun des milieux de la cellule, et dans chaque groupe d'énergie. Et c'est là que la difficulté se présenta, au moins pour les neutrons thermiques. À l'échelle d'une cellule la théorie de la diffusion, bien adaptée à des milieux denses et très peu capturants, devient très mauvaise dans des milieux très absorbants comme le combustible dans le groupe thermique, et dans des milieux pratiquement vides comme un canal de refroidissement gazeux. Elle conduit à une très importante surestimation du taux d'absorption relatif dans le combustible, donc à une surestimation du facteur d'utilisation thermique f. Son avantage est de conduire à une formule extrêmement simple, justiciable de la règle à calcul. Pour pallier cette imprécision, on commença par pousser le développement en harmoniques sphériques de l'approximation P_1 aux approximations P_3, P_5, ..., mais le développement ne converge pas très vite et conduit rapidement à des calculs longs et fastidieux.

Or un outil extrêmement pratique avait été proposé, quelques années auparavant, aux États-Unis : c'était la « probabilité de première collision » dans un milieu[6] (plus tard généralisée à plusieurs milieux en interaction). Cette probabilité, qui avait été tabulée dans des géométries simples, permettait un traitement « choc par choc » de la propagation des neutrons, moyennant une approximation d'autant meilleure que le milieu était plus absorbant et de dimensions plus faibles devant son libre parcours (notons que ce sont des conditions de validité exactement opposées à celles de la théorie de la diffusion). Cet outil avait déjà été utilisé avec succès pour le calcul du facteur de fission rapide ε.

Pour le calcul du facteur d'utilisation thermique f, on se trouvait dans la situation antinomique suivante : un élément combustible très absorbant mais aussi diffusant, et de dimensions relativement faibles, entouré d'un modérateur très peu absorbant et d'assez grandes dimensions (c'était le cas dans les cellules à graphite ou à eau lourde étudiées à l'époque). L'idée d'utiliser dans chacun des milieux la méthode appropriée (méthode choc par choc dans le combustible et théorie de diffusion recalée sur des conditions aux limites adéquates dans le modérateur) venait bien sûr à l'esprit, mais comment harmoniser ces deux approches à la frontière des milieux ? Ce problème fut résolu en 1955 par Albert Amouyal, Jules Horowitz et moi-même. La formule qui en résulta (nommée plus tard ABH) conservait la simplicité d'emploi de celle fournie par la théorie de la diffusion — une simple règle à calcul suffisait — et les résultats se révélèrent en parfait accord avec ceux de calculs élaborés effectués aux États-Unis, sur ordinateur, par la méthode numérique S_N.

[6] Voir par exemple : K.M. Case, F. de Hoffmann et G. Placzek, « Introduction to the Theory of Neutron Diffusion », Los Alamos (1953). Un classique !

La formule permettait également de prendre en compte automatiquement l'effet sur les taux de réaction, dans le combustible et le modérateur, du canal annulaire de refroidissement, pratiquement vide, séparant ces deux milieux.

Le calcul du « facteur antitrappe » *p*, ou de l'intégrale de résonance, s'avéra plus coriace. Nous en parlerons un peu plus loin.

Mais un autre sujet de mécontentement se présentait. Les réseaux de la filière graphite-gaz comportaient, comme nous l'avons dit, de larges canaux de refroidissement où circulait le CO_2. La capture due à ce gaz était minime mais la présence de ces canaux incitait les neutrons à fuir en ligne droite, sans subir de collision, vers l'extérieur du cœur ; c'est le phénomène du « streaming » (mot à peu près intraduisible en français). D'où une augmentation considérable du coefficient de diffusion du réseau, paramètre apparaissant dans l'équation de diffusion macroscopique. Les Britanniques, qui exploitaient — et exploitent d'ailleurs toujours — la filière MAGNOX, de même principe que notre filière graphite-gaz UNGG, furent confrontés eux aussi à ce problème et réalisèrent des travaux importants (voir D.J. Behrens, dans la bibliographie de Paul Reuss). Or le coefficient de diffusion d'un milieu homogène est égal au tiers du libre parcours. On conçoit donc que celui d'un réseau doive comporter une certaine pondération des libres parcours des différents milieux. Partant des bases de la théorie du transport, je réussis à obtenir cette pondération. La formule, très simple et générale, englobe à titre de cas particulier celle de Behrens et fait intervenir les probabilités de collision, sous une forme à peine modifiée ; celles-ci était décidément un outil universel.

Les problèmes de spectre sont évidemment d'une très grande importance pour la détermination des sections efficaces dans chaque groupe. Or, que savait-on au départ du spectre des neutrons thermiques, même dans un milieu homogène composé d'un combustible très absorbant et d'un modérateur peu absorbant ? Peu de chose, si ce n'est que le flux de neutrons en ralentissement parvenant dans le domaine thermique est en $1/E$ (où E est leur énergie), et que dans ce domaine les neutrons se répartissent suivant une maxwellienne ; la température T_1 de cette maxwellienne est d'ailleurs supérieure à celle du milieu, les neutrons pouvant être capturés avant d'être complètement thermalisés. Des essais empiriques de raccordement des deux branches furent proposés à l'étranger mais la nécessité d'une étude approfondie du phénomène de thermalisation était évidente. D'abord apparurent aux États-Unis des modèles valides dans des situations limites : modèle du gaz lourd de Wilkins, modèle de l'hydrogène de Wigner et Wilkins. Puis, par une démarche qui lui était naturelle et coutumière, Jules Horowitz proposa d'aborder le problème avec des idées simples, sans négliger la rigueur mathématique. Avec lui, Oleg Tretiakoff montra que le concept de température T_1 des neutrons était sans intérêt physique et que, si la maxwellienne T_0, solution en l'absence d'absorption, était prise comme base de départ, il était possible de déterminer, au premier ordre, la perturbation induite par la présence de l'absorption. Ainsi se trouvaient raccordés de manière naturelle la maxwellienne à la température T_0 du milieu et la « queue en $1/E$ » du flux en ralentissement.

Cet étude fut suivie d'autres, des mêmes auteurs, prenant en compte des absorptions plus importantes, en $1/v$ ou non, ainsi que l'hétérogénéité de la cellule, où apparut, là aussi, le formalisme des probabilités de collision.

Une théorie plus mathématique des phénomènes de thermalisation, admettant l'hypothèse que les neutrons, sur l'axe des énergies, perdaient une partie de leur mémoire au cours d'un choc, fut établie un peu plus tard par Michel Cadilhac. Cette hypothèse, assez proche de la réalité, présentait un avantage certain : elle permettait de remplacer la résolution de l'équation intégrale de thermalisation par celle d'une équation différentielle du second ordre, d'où, à l'époque, un gain de temps considérable. D'autre part elle englobait, à titre de cas particuliers, les modèles limites du gaz lourd et de l'hydrogène. Mais, quelques années plus tard, avec le perfectionnement des moyens de calcul numérique, l'avantage du gain de temps disparut. Seule demeure la beauté d'une théorie.

L'étude de l'absorption dans les résonances — autrement dit la détermination du facteur p — fut une des plus difficiles à modéliser. Bien que le processus du ralentissement fut bien connu depuis les travaux américains de George Placzek, et que l'absorption en milieu homogène fut défrichée (modèles de la résonance étroite et de la résonance large) l'aspect touffu de la forêt des résonances rendait très malaisée une approche simple du phénomène, particulièrement dans une cellule hétérogène. Pendant longtemps les neutroniciens ne purent guère que figurer l'intégrale de résonance d'un élément combustible par une somme de deux termes, l'un dit de volume, correspondant aux faibles absorptions, l'autre dit de surface, correspondant approximativement aux pics de résonance, où l'autoprotection limite l'absorption au voisinage immédiat de la frontière. Si bien que la formule de l'intégrale effective de résonance prit pendant de nombreuses années la forme

$$I_{eff} = A + BS/M \qquad \text{(volume + surface)}$$

où S est la surface de l'élément combustible, M sa masse, et A et B des paramètres ajustés sur des expériences intégrales. En dépit de son caractère sommaire, cette modélisation présentait néanmoins un semblant de justification, qui disparut lorsque le physicien suédois Eric Hellstrand observa qu'une formule du type

$$I_{eff} = A + B\sqrt{S/M}$$

rendait beaucoup mieux compte des mesures expérimentales. À partir de ce moment, aucun théoricien ne chercha plus à comprendre !

En fait, quelques années plus tard, le problème de l'absorption par résonance en milieu homogène fut résolu par la théorie de Michel Livolant et Françoise Jeanpierre, au moyen d'une factorisation du flux sur l'axe des énergies en flux macroscopique de ralentissement et flux de structure fine. L'extension à la géométrie de réseau fit bien entendu appel aux probabilités de collision. Cette modélisation fut par la suite généralisée par Paul Reuss, puis Mireille Coste.

Je crois avoir cité les principaux problèmes auxquels était confronté le Service de physique mathématique en ces temps-là, sans avoir la moindre prétention d'avoir été exhaustif. Peut-être ai-je insisté sur ceux qui m'étaient les plus familiers.

Finalement toutes ces études théoriques conduisaient à l'édification d'un formulaire de calcul de réacteur, ou plutôt de plusieurs formulaires, chaque filière ayant son formulaire propre. Ces formulaires ne prétendaient pas fournir des valeurs absolues. Ils étaient ajustés sur des expériences intégrales. Cet ajustement était rendu nécessaire par l'incertitude sur la connaissance de certaines données. Outre les paramètres A et B mentionnés ci-dessus, le paramètre η (l'un des quatre facteurs, nombre de neutrons de fission émis par neutron thermique absorbé) était une donnée nucléaire mal connue. Il fut ajusté lui aussi sur des expériences intégrales.

On touche là les limites d'une modélisation à petit nombre de paramètres et on peut rester insatisfait devant l'aspect un peu incohérent de théories élaborées et d'ajustements inévitables dans certains domaines. Il faut cependant prendre conscience de deux choses.

D'une part on travaillait avec les moyens du bord. D'autre part même si les formulaires ajustés ne fournissait pas dans toutes les situations la valeur absolue de la réactivité — car c'était la grandeur la plus préoccupante en ces temps d'uranium naturel, où le bilan de neutrons était extrêmement tangent —, ils permettaient de saisir assez bien les tendances, les sensibilités vis-à-vis de certains paramètres, qui sont au moins aussi importants que les valeurs absolues.

Bref, tous ces travaux illustrèrent ce qu'on peut appeler l' « école française de neutronique », qui bénéficia d'un renom incontestable à l'étranger. Si l'on veut la caractériser, on peut la définir, dans bien des cas, par un souci de modélisation à petit nombre de paramètres. On ne doit pas l'assimiler à de la « cuisine ». Elle faisait appel à des approximations, certes, mais celles-ci reposaient sur des bases raisonnables et raisonnées. Pour la mise en évidence de ces paramètres, le dépistage d'un maillon supposé faible dans une chaîne de corrélations était couramment pratiqué, d'où l'expression imagée et souvent utilisée : « le neutron a oublié son énergie de départ » (modèles de ralentissement de Wigner ou de Greuling et Goertzel, modèle de thermalisation de Cadilhac), « le neutron a oublié sa distribution angulaire d'entrée dans un milieu » (méthode ABH, puis méthode des courants d'interface, toujours en usage à l'heure actuelle), etc. En termes mathématiques, cette hypothèse de perte de mémoire revient, d'une certaine manière, à introduire dans une équation déterministe une petite dose de processus markovien.

Je pense qu'il ne doit pas être très difficile de deviner que je garde personnellement le regret de cette école de pensée. Mais les moyens de calcul évoluent, et il serait absurde de ne pas en tenir compte.

Les premiers ordinateurs, pompeusement baptisés par certains « cerveaux électroniques », puis plus modestement calculateurs électroniques, virent le jour aux États-Unis vers la fin de la guerre, sous une forme encore rudimentaire. Les Américains purent donc, bien avant nous, résoudre l'équation de transport par des méthodes très efficaces, comme la méthode numérique S_N de Bengt Carlson, ou la méthode probabiliste Monte-Carlo. Malgré cela ils apprécièrent fort, ainsi que d'autres pays, les méthodes élaborées en France, particulièrement au SPM, et adoptèrent certaines d'entre elles. Est-ce l'absence d'ordinateurs qui stimula en France l'éclosion de méthodes originales, par une sorte de compensation d'un handicap. Je ne me prononcerai pas sur ce point délicat mais c'est un fait que nos moyens de calcul spartiates obligeaient nos neutroniciens à quelques acrobaties pour trouver des solutions conciliant précision et simplicité. En fait cette discipline imposée par la force des choses constituait une très bonne école, conforme à l'essence même de la physique, que je serais tenté de résumer ainsi : tendre à hiérarchiser les phénomènes, c'est-à-dire essayer de dégager d'une réalité complexe un petit nombre de paramètres fondamentaux. C'est ce que l'on peut appeler la forme simple de la modélisation. Nous avons vu plus haut les réussites de cette approche. Nous en avons vu aussi les limitations.

Les premiers ordinateurs ne firent qu'assez tardivement leur apparition à Saclay. Le CEA souhaitait acquérir la machine Ferranti Mercury, de construction britannique, l'une des plus performantes de l'époque, qui bénéficiait de l'expérience, que l'on n'appelait pas encore informatique, de l'équipe de Cambridge. Mais les délais de livraison du constructeur s'avérèrent très longs, si bien que l'on fit d'abord l'acquisition d'un calculateur IBM-650, moins puissant, qui entra en activité à Saclay en juillet 1957. Le Ferranti Mercury arriva en Décembre de la même année. Peu d'années plus tard vint l'IBM-7090, puis l'IBM-7094, puis le Cray... Le Service de calcul électronique, qui devint ensuite Département, fut créé, et dirigé par Albert Amouyal, qui prit, quelques années plus tard la Direction de la CISI (Compagnie Internationale de Services en Informatique).

Même si leurs possibilités étaient sans commune mesure avec celles des ordinateurs d'aujourd'hui, les premiers calculateurs furent des outils extrêmement efficaces qui permirent en premier lieu d'accélérer les calculs par les méthodes existantes, tout en délivrant les calculateurs humains d'un travail ingrat. Cependant la philosophie des méthodes de calcul n'en fut pas bouleversée du jour au lendemain, sauf peut-être dans certains domaines, tel celui des réacteurs à eau légère, étudiés par Christian Guionnet et son groupe, où certains codes numériques obtenus des Américains, comme le code PDQ permettant la résolution de l'équation de diffusion dans des géométries complexes, permirent une avancée très importante. D'autre part, au Service de Protection contre les Radiations du Centre de Fontenay-aux-Roses, Pierre Lafore, Jean Rastoin et Jean-Claude Nimal commencèrent à construire au début des années 60 les premiers codes (ZEUS) fondés sur la méthode Monte-Carlo, qui connut par la suite le développement que l'on sait.

Au SPM une école entièrement nouvelle se fit jour vers 1966. Les progrès de l'informatique, stimulant ceux de l'analyse numérique, permettaient une attaque directe des problèmes, dans des géométries de plus en plus sophistiquées. Sous l'impulsion d'Alain Kavenoky, d'Alain Hoffmann, de Michel Livolant, naquit et se développa le code APOLLO qui, de simple code de cellule, devint peu à peu un code capable de traiter, par la théorie du transport, des assemblages de plus en plus complexes, le réacteur dans son ensemble étant calculé par un code résolvant l'équation de la diffusion, suivant le schéma du mode fondamental. Parallèlement le traitement en énergie s'affina, par la construction de bibliothèques condensant en un grand nombre de groupes d'énergie les données nucléaires de base. Cet ensemble de codes fut appliqué, et l'est toujours dans son principe, aux calculs de la filière des réacteurs à eau sous pression, que la France décida d'adopter vers 1969.

Le Service de physique mathématique, le SPM, devint en 1971 le SERMA, Service d'études de réacteurs et de mathématiques appliquées. Ce changement de sigle, peu significatif en lui-même, traduisait en fait un tournant radical dans la manière d'aborder les problèmes. De plus, les priorités changèrent. Dans les réacteurs à uranium naturel — qu'ils soient à graphite ou à eau lourde — le problème crucial était celui de la réactivité. La criticité de ce type de réacteur était en effet extrêmement tangente, ce qui imposait des contraintes draconiennes, puisque presque chaque p.c.m. conditionnait la divergence du réacteur. L'ajout d'inévitables matériaux de structure, même peu absorbants, apportait une nouvelle contrainte.

Avec les réacteurs à uranium enrichi, les problèmes de réactivité conservèrent bien entendu leur importance, mais ils cessèrent d'être prioritaires, l'enrichissement permettant une certaine souplesse. L'accent fut mis sur les problèmes de rendement énergétique, qui avaient bien entendu déjà préoccupé les neutroniciens depuis longtemps. La puissance du réacteur étant limitée par l'existence d'un point chaud, il convenait donc de charger le cœur avec des éléments dissemblables, de manière à obtenir une répartition de puissance aussi plate que possible.

Enfin, au fur et à mesure des progrès fulgurants du calcul numérico-informatique, des problèmes nouveaux apparurent, qu'on n'eut même pas osé imaginer auparavant. On put approfondir les études de sûreté et celles de protection avec des outils nouveaux, déterministes ou Monte-Carlo. On put prendre en compte de manière très fine le détail des résonances et aborder le difficile problème de l'interaction entre résonances d'éléments différents. Dans ce domaine, l'idée du physicien russe Nikolaiev sur la méthode des sous-groupes fut reprise et largement développée depuis une vingtaine d'années sous l'impulsion de Pierre Ribon. Le principe de cette méthode consiste à calculer l'intégrale de résonance, dont l'intégrand est extrêmement chahuté, non par une intégrale de Riemann, à découpage vertical, mais par une intégrale de Lebesgue, à découpage horizontal ; ces études aboutirent à la méthode des « tables de probabilité », qui réduit considérablement le volume des données à mettre en œuvre, et est en passe de remplacer les méthodes classiques.

Le problème du streaming existe toujours, bien qu'en fonctionnement normal il n'existe pas de vide dans les réacteurs à eau sous pression, ni dans les réacteurs rapides (encore que le sodium soit assez transparent aux neutrons). Mais, en situation accidentelle de perte de liquide de refroidissement, des canaux — ou des couloirs vides à deux dimensions — peuvent apparaître. Comme l'effet de cet accident sur la réactivité est en grande partie dû au durcissement du spectre, effet souvent positif — surtout en présence de plutonium — la question est de savoir dans quelle mesure l'effet toujours négatif de l'augmentation des fuites par streaming, conjugué avec l'effet Doppler, peut maintenir une réactivité globalement négative.

Le streaming est traité de nos jours suivant la même méthode qu'auparavant; celle-ci, comme nous le verrons ci-dessous, est simplement modifiée pour être plus conforme à la modernité et généralisée pour prendre en compte des situations nouvelles avec des outils beaucoup plus performants. Mais des études restent encore à entreprendre dans ce domaine primordial pour les études de sûreté.

D'autres problèmes requièrent encore certainement des approfondissements, en particulier ceux dus à la présence du réflecteur, dont la modélisation n'est pas aisée à formuler.

Le code APOLLO a fait place à un vaste programme modulaire de calcul de réacteurs, APOLLO 2, construit par Richard Sanchez ; il rassemble les acquis des différents domaines de la neutronique et offre des possibilités très étendues. Ce code repose toujours sur une modélisation fondée sur un principe d'homogénéisation, dans le schéma du mode fondamental.

Nous avons vu plus haut que les théoriciens des réacteurs avaient été très tôt confrontés au problème de l'homogénéisation. En effet, devant l'impossibilité d'attaquer directement, par l'équation de transport, le calcul d'un réacteur dans sa complexité, il fallut bien se résoudre à découper le cœur en petits morceaux, cellules ou assemblages, eux-mêmes hétérogènes, mais qui seront figurés par des milieux homogènes équivalents. Le réacteur formé par la juxtaposition de ces milieux homogènes sera traité par la théorie de diffusion, qui n'est qu'approchée.

Mais quel sens donner à l'expression « milieu homogène équivalent » ? Pendant longtemps on ne prêta pas beaucoup d'attention à cette question, et l'on se contenta de calculer les sections efficaces homogénéisées par simple pondération sur les volumes et les flux. Or, en 1978, Alain Kavenoky (méthode SPH), à Saclay, et, indépendamment, Jacques Mondot (méthode ÉQUIPAGE), à Cadarache, firent remarquer qu'il était impératif, dans le processus d'homogénéisation, de conserver les taux des différentes réactions dans le ou les milieux à homogénéiser, ce que la simple pondération volume-flux négligeait. Les sections efficaces moyennes doivent alors être multipliées par un « facteur d'homogénéisation », commun à toutes les réactions mais propre à chaque groupe d'énergie et à chaque milieu homogénéisé ; ce facteur s'obtient par un calcul non linéaire.

Il est parfaitement possible de considérer les fuites (macroscopiques) de neutrons comme une réaction particulière (ayant cependant des propriétés de symétrie différentes de celles des réactions classiques) et d'introduire une section efficace de fuites, incluant le streaming, que l'on multipliera par le facteur d'homogénéisation. C'est la base du code TIBÈRE, inclus dans APOLLO 2.

Dans le passé, chaque filière de réacteurs — graphite, eau lourde, eau légère, neutrons rapides — avait son propre formulaire (puis son propre code). Cette solution pouvait se concevoir car, chaque filière ayant ses caractéristiques propres, les méthodes de calcul n'étaient pas forcément les mêmes, chaque équipe ayant tendance à privilégier les siennes, et surtout chaque formulaire était ajusté sur des expériences critiques (MARIUS pour le graphite, AQUILON pour l'eau lourde, ALIZÉ pour l'eau légère, MASURCA pour les rapides, et même, en 1958, RUBÉOLE pour la glucine[7]). Comme l'on fait maintenant de moins en moins appel aux ajustements, la tendance actuelle est au code universel, encore qu'il y a peu d'années quelques exceptions demeuraient.

On ne peut, dans cette évocation de l'histoire de la neutronique, passer sous silence sa préhistoire, en l'occurrence le phénomène d'Oklo. Lorsque, au printemps 1972, on apprit la découverte, dans un gisement du Gabon, d'uranium appauvri, d'enrichissement de l'ordre de 0,4 %, personne n'en crut ses oreilles, 0,71 % étant presque considéré comme une constante universelle au même titre que π ou la vitesse de la lumière. En quelques semaines le mystère fut éclairci, au Centre de Fontenay-aux-Roses. Cet uranium avait été appauvri par le fonctionnement, pendant près d'un million d'années, et à très basse puissance, d'un réacteur naturel dont la divergence remonte à un milliard huit cent millions d'années. Toutes les conditions étaient réunies en ces temps lointains pour une réaction en chaîne : uranium naturel contenant alors environ 3,5 % de ^{235}U, présence d'eau en proportion adéquate sur le site. Oklo fit l'objet d'une remarquable étude de Roger Naudet, qui fut publiée en un important volume, qui figure dans la bibliographie de Paul Reuss.

De nouveaux logiciels de calcul des réacteurs sont à l'étude au SERMA, à Saclay. L'élaboration d'un tel logiciel est un énorme travail, s'étendant sur plusieurs années. Il regroupe en effet tous les derniers développements de la science des réacteurs et toutes les méthodes numériques de résolution de l'équation de transport, déterministes ou stochastiques, qui ont fait des progrès considérables au cours de ces dernières décennies. L'utilisateur peut donc choisir les méthodes les plus adaptées à son problème.

Ajoutons que les logiciels seuls ne peuvent rien sans les données nucléaires associées, nécessairement issues de mesures. Parmi les chercheurs qui assurèrent la qualification de ces données, nous citerons Henry Tellier, Paul Reuss (qui mit au point une méthodologie rigoureuse pour l'exploitation des résultats des mesures, la recherche de tendances) et Alain Santamarina.

Mais nous arrivons ici à un tournant de notre histoire. Nous avons vu comment l'apparition des ordinateurs et le développement des méthodes numériques avaient transformé la modélisation. De la gestion d'un petit nombre de paramètres celle-ci était devenue capable de rendre compte de la réalité de manière beaucoup plus élaborée, au moyen de modèles beaucoup plus complexes, mais reposant toujours sur des raisonnements

[7] On expérimenta en effet à Saclay, pendant un an, un petit réacteur modéré à l'oxyde de béryllium, le seul ayant, à ma connaissance, été construit dans le monde. Son avantage neutronique était l'existence d'une réaction (n,2n) sur le béryllium, qui apportait un gain de réactivité de l'ordre de 4500 p.c.m. Mais cette réaction était assortie d'une réaction (n,α) qui abaissait ce gain de moitié environ. Le plus grave était l'agglomération des α en bulles d'hélium qui affectaient grandement la tenue sous rayonnement de la glucine. Ce handicap, joint aux dangers de fabrication de ce matériau pour l'être humain, fit abandonner cette voie qui, au premier abord, pouvait paraître intéressante.

physiques. La question qui se pose à l'heure actuelle est de savoir si ces raisonnements physiques sont vraiment indispensables et si une approche purement numérique du calcul des réacteurs ne serait pas préférable. Si cette approche n'est pas encore tout à fait opérationnelle aujourd'hui elle le sera probablement, avec les progrès vertigineux du « supercomputing », demain ou après-demain. Déjà des expériences critiques de petites dimensions peuvent être calculées de cette manière. Il sera certainement possible, bientôt, de calculer aussi des réacteurs de puissance.

Devant cet apport des nouvelles technologies, qui est de poids, la réaction normale est de dire : pourquoi ne pas en profiter ? J'étais, il y a une quinzaine d'années, nettement hostile à cette tendance. Mon opinion est maintenant plus nuancée.

La première question qui se pose est bassement matérielle : à quel prix, et en combien de temps, ce type de calcul est-il possible ? Le prix est peut-être élevé mais, en fin de compte il le sera moins qu'une expérience critique, qui coûte fort cher. Quant au temps, je sais par expérience personnelle que, lorsqu'on présente à un utilisateur un logiciel demandant un temps de calcul de plusieurs jours, il lève les bras au ciel ! Mais on peut penser que dans un avenir peu éloigné les calculs seront plus rapides.

La seconde question concerne le côté un peu illusoire de la précision apportée par ces calculs, par rapport à ceux de la génération précédente. C'est un point sur lequel a insisté Paul Reuss. Le gain de précision risque d'être noyé au milieu des imprécisions sur les données nucléaires, même si la connaissance de celles-ci s'améliore avec le temps[8].

La troisième question me paraît la plus importante : remplacer la modélisation par la simulation (qu'elle soit numérique ou stochastique) fait perdre le sens physique des phénomènes. Laissons la nostalgie, qui n'est qu'une réaction purement personnelle, et notons simplement que le rôle du théoricien, dans quelque domaine que ce soit, n'est pas seulement de calculer, mais aussi de comprendre. Or comprendre consiste à hiérarchiser les phénomènes. Devant une avalanche de résultats numériques, le physicien se trouvera exactement dans la même situation que devant une avalanche de résultats expérimentaux : devant un tel foisonnement, il éprouvera le besoin de faire appel à la physique pour classer ces résultats, les hiérarchiser. Nous voici revenus tout droit à la modélisation ! C'est à peine un paradoxe.

Le cerveau humain est ainsi fait qu'il ne peut concevoir et gérer au même instant qu'un système simple, à petit nombre de paramètres. Le reste est du domaine des calculateurs prodiges, ou des ordinateurs, qui, c'est indéniable, lui sont infiniment supérieurs sur ce point. Mais en fin de compte c'est quand même le physicien qui se pose la question : « Comment ça marche ? ».

Comme l'a montré Paul Reuss, on enseigne toujours les éléments simples de la physique des réacteurs. La connaissance de ces éléments sera fort utile dans le futur comme elle l'a été dans le passé. Elle éloignera la tentation d'utiliser mécaniquement ces nouveaux logiciels comme des « boîtes noires », ce qui risquerait de conduire aux pires contresens.

Allons, les physiciens des réacteurs ont encore de beaux jours à vivre !

---

8 D'autre part le calcul numérique n'est pas lui-même exempt d'imprécision. Comme on ne retient qu'un nombre limité de chiffres, il peut arriver qu'après un très grand nombre d'opérations, le résultat final soit entaché d'une erreur non négligeable, ou même perde toute signification. Toutefois cet effet, étudié par le mathématicien Jean Vignes, se produit surtout dans les problèmes non linéaires et n'a jamais été, jusqu'à présent, observé dans les calculs de réacteurs.

Le témoignage d'un acteur qui poursuivra cette histoire

Nucléaire et recherche académique

Un regard sur l'avenir

Sylvain David [1]

Paul Reuss m'a fait le grand honneur de me demander quelques lignes sur l'implication de la physique nucléaire « fondamentale » dans la problématique de l'énergie nucléaire. Grand honneur, car Paul Reuss est depuis longtemps reconnu dans notre communauté « académique » comme étant d'une compétence à toute épreuve et d'une pédagogie remarquable. Sa grande modestie lui fait destiner ce livre aux étudiants en génie atomique, mais sa diffusion devrait être élargie à tous les étudiants des matières scientifiques, futurs chercheurs ou ingénieurs, intéressés un tant soit peu à l'avenir énergétique de la planète. La genèse de l'énergie nucléaire, son déploiement « brutal » dans les années 70 a été une aventure unique dans l'histoire des technologies, qui serait selon certains impossible à mener aujourd'hui. Mais se replonger dans l'histoire de l'industrie nucléaire, du foisonnement des idées du début et des expériences réalisées, rend finalement plus naturel le déploiement annoncé des réacteurs du futur, susceptibles de produire une plus grande part de l'énergie mondiale.

Le nucléaire, même civil, est souvent décrit comme très opaque. On peut mesurer à la lecture de ce livre la vitesse fulgurante à laquelle cette technologie révolutionnaire se développe (moins de cinq ans après la découverte de la fission, divergeait la première pile atomique). Voilà sans doute une des explications au fossé qui a pu se creuser entre les ingénieurs du nucléaire et la société. Fossé accentué par l'utilisation militaire de cette formidable source d'énergie, et qu'il est nécessaire de refermer le plus rapidement possible. La loi française de 1991 est sans doute un des points clé de cette « ouverture » annoncée.

Cette loi n'a pas fait que mettre en politique[2] le problème des déchets nucléaires, elle a incité également à intégrer dans le domaine de l'énergie nucléaire la recherche dite académique, c'est-à-dire le CNRS et les universités, jusqu'alors très éloignée de cette problématique. En plus de l'incitation politique, il faut noter à la même époque, l'initiative de Carlo Rubbia, physicien des particules renommé (prix Nobel en 1984 et ancien directeur du CERN), suivie en France par l'Institut national de physique nucléaire et de la physique des particules du CNRS. De nombreux chercheurs du CNRS et des Universités se sont

---

[1] Chargé de recherches au CNRS, Institut de physique nucléaire d'Orsay.

[2] Les termes sont de Yannick Barthe : *Le pouvoir d'indécision, la mise en politique des déchets nucléaires* (éd. Economica, 2005).

alors impliqués autour du concept de réacteur sous-critique piloté par accélérateur et des réactions de spallation.

La physique impliquée dans ce concept fait appel à de nouvelles compétences. Tout d'abord il faut utiliser un accélérateur de particules (protons) de haute intensité, domaine « réservé » des physiciens fondamentaux (IN2P3 et CEA/DSM) et très peu connu des physiciens des réacteurs. Les protons devront être accélérés à des énergies de 1 GeV environ, donc 100 fois plus que les neutrons les plus énergétiques des réacteurs. Ce ne sont plus les mêmes modèles physiques qui s'appliquent, et de nombreux besoins en nouvelles données nucléaires sont apparus. Les compétences des physiciens fondamentaux ont pu s'exprimer rapidement, et de grandes avancées ont été faites dans la compréhension des mécanismes de la spallation.

Cette implication reconnue de tous a permis ensuite de développer une thématique plus appliquée à l'énergie et à la transmutation en développant une activité spécifique sur la physique des réacteurs, sujet alors quasiment inconnu des physiciens fondamentaux. Il a fallu apprendre et développer ses propres méthodes de simulation. Là encore les compétences en physique expérimentale et en électronique d'acquisition de la physique nucléaire académique a permis d'entrer dans cette problématique, d'abord avec l'expérience FEAT (First Energy Amplifier Test) au CERN, puis avec les expériences MUSE (Multiplication Source Externe) auprès du réacteur maquette MASURCA à Cadarache. Il est intéressant de noter, en relation avec la discussion de Paul Reuss sur les méthodes de calculs, que les performances accrues de ordinateurs nous ont permis d'appréhender rapidement la simulation des réacteurs grâce aux méthodes Monte-Carlo. Pour beaucoup d'entre nous, les codes déterministes développés au CEA n'étaient pas librement distribués. De plus, la méthode Monte-Carlo permet de s'affranchir d'une grande partie de la théorie de la neutronique, et de pouvoir mettre la main à la pâte en une période relativement courte d'apprentissage. La validité des résultats des codes Monte-Carlo ne dépend finalement que de la qualité des données nucléaires utilisées et de quelques notions relativement simples à acquérir, propres à toutes les méthodes stochastiques, largement utilisées dans la physique fondamentale. Cette méthode est donc très bien adaptée à l'étude de réacteurs innovants, pour lesquels il existe peu de données expérimentales, indispensables pour ajuster les codes déterministes. Il est ainsi vite apparu que nous n'aurions pas pu entreprendre nos propres simulations aussi rapidement sans la simplicité d'utilisation et la disponibilité de ces codes Monte-Carlo.

Il faut donc reconnaître aujourd'hui que le projet initial proposé par Rubbia, même s'il « agaçait » les ingénieurs nucléaires, a eu le considérable mérite d'avoir soulevé des problèmes importants (sûreté des réacteurs, transmutation des déchets, ...) et d'avoir permis de créer une communauté nouvelle autour de cette problématique. Les différents « morceaux » du concept d'« amplificateur d'énergie » existent toujours aujourd'hui, sous des formes différentes :

- les systèmes hybrides voient leur rôle dédié à l'incinération des actinides mineurs, en stratégie dite de double strate, en complément d'une filière de réacteurs électrogènes ;
- le cycle thorium est étudié dans divers types de réacteurs (essentiellement critiques), notamment les réacteurs à sels fondus, qui permettent d'atteindre la régénération en spectre thermique, et de limiter ainsi les inventaires de matière fissile et les rejets d'actinides mineurs.

Il faut également saluer les physiciens fondamentaux qui ont su s'impliquer dès le départ dans cette problématique de façon courageuse : la reconnaissance « interne » du sujet de l'énergie nucléaire n'est bizarrement toujours pas définitive. La physique appliquée est parfois vue comme une menace par une communauté fondamentale qui voit ses budgets de recherche diminuer au profit de grands projets pré-industriels sur lesquels il est facile de communiquer « politiquement ». Pourtant, il est nécessaire que la recherche académique occupe une place importante dans la problématique complexe de l'énergie nucléaire. L'enjeu est de taille. Le développement du nucléaire au niveau mondial est inévitable, et pourtant risque d'être inacceptable par la société. L'implication de tous les acteurs de la recherche est une condition pour rendre discutable et décidable[3] les grandes options du nucléaire.

[3] Les termes sont là aussi de Yannick Barthe : *Le pouvoir d'indécision, la mise en politique des déchets nucléaires* (éd. Economica, 2005).

Bibliographie

en langue française sur l'histoire et la situation actuelle de l'énergie nucléaire[1]

1945-1995. Le CEA a cinquante ans, *Les défis du CEA*, numéro 41, septembre-octobre 1995. [On trouvera aussi dans ce document une bibliographie plus complète.]

Les génies de la science, notamment les numéros sur E. Fermi et sur les Curie, *Pour la Science*.

La première pile atomique, *Revue du Palais de la Découverte*, volume 21, numéro 208, mai 1993.

Pierre BACHER, *Quelle énergie pour demain ?*, Éditions Nucléon, Paris, 2000.

Évelyne BERTEL et Gilbert NAUDET, *L'économie de l'énergie nucléaire*, EDP Sciences, 2004.

Claude BIENVENU, *L'aventure nucléaire*, Explora, Cité des Sciences et de l'Industrie, 1995.

René BIMBOT, André BONNIN, Robert DELOCHE et Claire LAPEYRE, *Cent ans après, la radioactivité, le rayonnement d'une science*, EDP Sciences, 1999.

Pierre BIQUARD, *Frédéric Joliot et l'énergie atomique*, L'Harmattan, 2003.

Paul BONCHE (sous la dir. de), *Le nucléaire expliqué par des physiciens*, EDP Sciences, 2002.

Monique BORDRY et Pierre RADVANYI (sous la dir. de), *Œuvre et engagement de Frédéric Joliot-Curie*, EDP Sciences, 2001.

Georges CHARPAK et Richard L. GARWIN, *Feux follets et champignons nucléaires*, Odile Jacob, 1997.

Georges CHARPAK, Richard L. GARWIN et Venance JOURNÉ, *De Tchernobyl en tchernobyls*, Odile Jacob, 2005.

Jean COLOMER et Annie ESKENAZI-FRANC, *100 ans de nucléaire, repères chronologiques de l'histoire du nucléaire, 1896-1995*, CEA, 1998.

Commissariat à l'énergie atomique, *Informations utiles ; Mémento sur l'énergie ; Élecnuc, les centrales nucléaires dans le monde*, mises à jour annuelles.

[1] Le dessin de la pile de Fermi, CP1, les photos des bombes « Little Boy » et « Fat Man », et la photo de Fermi sont extraits de : Richard HEWLETT et Oscar ANDERSON, *The New World, 1939-1945*, The Pennsylvania State University Press, 1962.
Les schémas des résonances et des sections efficaces de l'uranium sont extraits de : Enrico FERMI, *A Course on Neutron Physics, 1945, notes by I. Halpern*, Note e memorie (collected papers), Volume II - United States 1939-1945, The University of Chicago Press, 1965.

Jean-Claude DEBEIR, Jean-Paul DELÉAGE et Daniel HÉMERY, *Les servitudes de la puissance, une histoire de l'énergie*, Flammarion, 1992.

François DE CLOSETS, *Ne dites pas à Dieu ce qu'il doit faire*, Seuil, 2004.

Bernard FERNANDEZ, *De l'atome au noyau. Une approche de la physique atomique et de la physique nucléaire*, Ellipses, 2006.

Laura FERMI, *L'histoire de l'énergie atomique*, Fernand Nathan,1964.

Pierre-Henri FLOQUET, *Histoire de la centrale nucléaire des Ardennes, un exemple pionnier de coopération européenne dans un secteur de pointe*, Association pour l'histoire de l'électricité en France, 1995.

Bertrand GOLDSCHMIDT, *L'aventure atomique*, Fayard, 1962.

Bertrand GOLDSCHMIDT, *Les rivalités atomiques (1939-1966)*, Fayard, 1967.

Bertrand GOLDSCHMIDT, *Le complexe atomique, histoire politique de l'énergie nucléaire*, Fayard, 1980.

Bertrand GOLDSCHMIDT, *Pionniers de l'atome*, Stock, 1987.

Jacques LECLERCQ, *L'ère nucléaire, le monde des centrales nucléaires*, Le Chêne/Hachette, 1986.

Véronique LEFEBVRE, *Au coeur de la matière, 50 ans de recherches au CEA de Saclay*, Le Cherche Midi, 2002.

Georges LE GUELTE, *Histoire de la menace nucléaire*, Hachette, 1997.

Clément LEMAIGNAN, *Sciences des matériaux pour le nucléaire*, EDP Sciences, 2004.

Grigori MEDVEDEV, *La vérité sur Tchernobyl*, Albin Michel, 1990.

Pierre MORVAN, *Nucléaire, les chemins de l'uranium*, Ellipses, 2004.

Maurice E. NAHMIAS (traduction), *L'énergie atomique et son utilisation militaire. Documents officiels : rapport britannique ; rapport U.S.A. de H. D. Smyth ; monographie de L. A. Turner*, Éditions de la revue d'optique théorique et instrumentale, Paris, 1946.

Maurice E. NAHMIAS, *Libération et exploitation de l'énergie nucléaire*, Larousse, 1953.

Roger NAUDET, *Oklo : des réacteurs nucléaires fossiles, étude physique*, série Synthèses, collection CEA, Eyrolles, 1991.

Louis PATARIN, *Le cycle du combustible nucléaire*, EDP Sciences, 2002.

Jean-Pierre PHARABOD et Jean-Paul SCHAPIRA, *Les jeux de l'atome et du hasard, les grands accidents nucléaires*, Calmann-Lévy, 1988.

Michel PINAULT, *Frédéric Joliot-Curie*, Odile Jacob, 2000.

Pierre RADVANYI et Monique BORDRY, *Histoires d'atomes*, Belin, 1988.

Pierre RADVANYI, *Les Curie, pionniers de l'atome*, Belin, 2005.

Paul REUSS, *La neutronique*, PUF, Que sais-je ?, 3307, 1998.

Paul REUSS, *L'énergie nucléaire*, PUF, Que sais-je ?, 317, 1999 [1].

Paul REUSS, *Précis de neutronique*, EDP Sciences, 2003 ; *Exercices de neutronique*, EDP Sciences, 2004.

Emilio SEGRÈ, *Les physiciens modernes et leurs découvertes*, Fayard, 1984.

Pierre TANGUY, *Nucléaire, pas de panique*, Éditions Nucléon, Paris, 1997.

Pierre TANGUY, *Le nucléaire*, Éditions Le Cavalier Bleu, Paris, 2002.

[1] La version précédente de ce livre a été écrite par Jules Guéron en 1973.

Félix TORRES et Véronique LEFEBVRE, *Chooz de A à B, une histoire de la filière à eau pressurisée racontée par Électricité de France*, édité pour la Direction de l'Équipement d'Électricité de France par Efil Communication, 1996.

Georges VENDRYES, *Superphénix, pourquoi ?*, Éditions Nucléon, Paris, 1998.

Spencer R. WEART, *La grande aventure des atomistes français, les savants au pouvoir*, Fayard, 1980.

Joseph WEISSE, *La fusion nucléaire*, PUF, Que sais-je ?, 3659, 2003.

L'année mondiale de la physique (2005) a été l'occasion de la publication de très nombreux livres à caractère historique, concernant notamment Einstein ; à titre d'exemple, citons :

Étienne KLEIN, *Il était sept fois la révolution, Albert Einstein et les autres...*, Flammarion, 2005.

Principaux industriels, organismes et institutions nucléaires français

Cette liste, mise à jour, est extraite du livre de Pierre Morvan « *Nucléaire, les chemins de l'uranium* (Ellipses, 2004) ».

- **Agence de l'OCDE pour l'énergie nucléaire (AEN)**
  12, bd des Îles. 92130 Issy-les-Moulinaux.
  www.nea.fr

- **Agence internationale de l'énergie atomique (AIEA)**
  PO Box 100. Wagramerstrasse 5. A-1400 Vienne. Autriche.
  www.iaea.org

- **Agence nationale pour la gestion des déchets radioactifs (Andra)**
  Parc de la Croix blanche. 1-7, rue Jean Monnet. 92298 Chatenay-Malabry Cedex.
  www.andra.fr

- **Areva**
  27-29, rue Le Peletier. 75433 Paris Cedex 09.
  www.arevagroup.com

- **Commissariat à l'énergie atomique**
  31-33, rue de la Fédération. 75752 Paris Cedex 15.
  www.cea.fr

- **Commission nationale d'évaluation des recherches pour la gestion des déchets radioactifs (CNE)**
  Tour Mirabeau. 33-43, quai André Citroën. 75015 Paris.
  www.cne-recherches.prd.fr

- **Areva NC (Cogema)**
  BP 4. 2, rue Paul Dautier. 78141 Vélizy-Villacoublay Cedex.
  www.areva-nc.com

- **Direction générale de l'énergie et des matières premières (DGEMP)**
  61, boulevard Vincent Auriol. 75703 Paris Cedex 13.
  www.industrie.gouv.fr

- **Direction générale de la sûreté nucléaire et de la radioprotection (DGSNR)**
6, place du Colonel Bourgoin. 75012 Paris.
www.asn.gouv.fr

- **Électricité de France (EdF)**
22-30, avenue de Wagram. 75008 Paris.
www.edf.fr

- **Areva NP (Framatome)**
Tour Aréva. 92084 Paris-la-Défense Cedex.
www.areva-np.com

- **Groupe intersyndical de l'industrie nucléaire (GIIN)**
39-41, rue Louis Blanc. 92400 Courbevoie.
www.giin.fr

- **Institut de radioprotection et de sûreté nucléaire (IRSN)**
77-83, avenue de Général de Gaulle. 92140 Clamart.
www.irsn.fr

- **Institut national des sciences et techniques nucléaires (INSTN)**
CEA/Saclay. 91191 Gif-sur-Yvette Cedex.
www-instn.cea.fr

- **Société française d'énergie nucléaire (SFEN)**
5, rue des Morillons. 75015 Paris.
www.sfen.org

- **Société française de radioprotection (SFRP)**
BP 72. 92263 Fontenay-aux-Roses Cedex.
www.sfrp.asso.fr

Index des noms cités

Les présentations reportées en italiques sont extraites du « *Petit Larousse*, édition 2003 ».

Jacques Allier : 29. [Chef de la mission française chargée, en février-mars 1940, de récupérer en Norvège l'unique stock mondial d'eau lourde, 185 kg.]

Albert Amouyal : 59. [Ingénieur au Service d'électronique du CEA.]

Carl David Anderson : 12. *[1905-1991, physicien américain ; il a découvert le positon (1932) ainsi que le méson (1937) ; prix Nobel de physique 1977.]*

Lev Artsimovich : 123. *[1909-1973, physicien soviétique, directeur de l'Institut Kourchatov ; spécialiste de la fusion magnétique, il inventa le tokamak.]*

Francis William Aston : 10. *[1877-1945, physicien britannique ; il découvrit l'existence des isotopes des éléments chimiques ; prix Nobel de chimie 1922.]*

Alexandre Edmond Becquerel : 3. *[1820-1891, physicien français, fils d'Antoine ; il imagina la spectrographie.]*

Antoine Becquerel : 3. *[1788-1878, physicien français ; ses travaux apportèrent une contribution fondamentale aux progrès de l'électricité et de ses applications.]*

Henri Becquerel : 2 à 4,6. *[1852-1908, physicien français, petit-fils d'Antoine ; il découvrit la radioactivité en 1896, sur des sels d'uranium ; prix Nobel de physique 1903.]*

D.J. Behrens : 59. [Chercheur britannique, un des artisans de la théorie neutronique, parmi bien d'autres, connu notamment pour sa théorie du coefficient de diffusion.]

Gustave Bémont : 4. [Chef de travaux pratiques à l'École supérieure de physique et de chimie industrielles, il aida Pierre et Marie Curie dans la découverte du radium (1898).]

Pierre Benoist : 59, 100. [Né en 1926 ; chercheur au Service de physique mathématique du CEA, auteur notamment de la théorie du coefficient de diffusion, spécialiste mondialement connu de la théorie du transport.]

Georges Besse : 74, 116. [1927-1985, ingénieur et industriel français; le CEA le chargea du développement de la séparation isotopique par diffusion gazeuse; il fut ensuite successivement Président du Directoire de la Société Eurodif, de la Compagnie générale des matières nucléaires (COGEMA), puis du groupe Pechiney-Ugine-Kulmann ; il venait d'être nommé à la tête de la Régie Renault quand il fut assassiné par des terroristes.]

Claude Bienvenu : 43. [Inspecteur général à EdF, chargé de la prospective scientifique et technologique.]

Niels Bohr : 8, 25, 34. *[1885-1962, physicien danois ; dans son Institut de Copenhague, il fut l'un des fondateurs de la physique quantique ; il a élaboré une théorie de la structure de l'atome intégrant le système planétaire de Rutherford et le quantum d'action de Planck ; il proposa une interprétation de la mécanique quantique, à laquelle s'opposait Einstein ; prix Nobel de physique 1922.]*

Ludwig Boltzmann : 25, 96. *[1844-1906, physicien autrichien ; il est le principal créateur de la théorie cinétique des gaz, qu'il élargit ensuite en une mécanique statistique.]*

Jean Bourgeois : 56. [Ingénieur au CEA, il a élaboré la « doctrine de sûreté nucléaire » française.]

Louis de Broglie : 23, 25. *[1892-1987, physicien français ; il a établi une relation traduisant une hypothèse selon laquelle les particules matérielles, comme l'électron, présentent un caractère ondulatoire, ce qui permet de leur associer une longueur d'onde ; la mécanique ondulatoire ainsi développée est à l'origine de la mécanique quantique ; prix Nobel de physique 1929.]*

Jean Cabanius : 67. [Directeur de l'Équipement à EdF, il fut chargé, avec Jules Horowitz du CEA, d'une étude technique sur les filières de réacteurs (1967).]

Michel Cadilhac : 59. [Chercheur au Service de physique mathématique du CEA, auteur notamment d'un modèle de thermalisation des neutrons, puis professeur à l'Université de Marseille.]

Jimmy Carter : 81. *[Né en 1924, homme politique américain ; démocrate, président des États-Unis de 1977 à 1981.]*

James Chadwick : 10, 12. *[1891-1974, physicien britannique ; au cours d'expériences de désintégration nucléaire, il a reconnu, en 1932, la nature du neutron ; prix Nobel de physique 1935.]*

Jacques Chirac : 54, 87. *[Né en 1932, homme politique français ; élu président de la République en 1995, il cohabite à partir de 1997 avec un gouvernement de gauche ; il est réélu en 2002.]*

Arthur Holly Compton : 31. *[1892-1962, physicien américain ; il a découvert en 1923 l'accroissement de longueur d'onde des rayons X diffusés par des atomes légers (*effet Compton*) ; prix Nobel de physique 1927.]*

James Conant : 31. [1893-1978 ; alerté par la lettre d'Einstein, le Président Roosevelt, le nomma responsable, aux côtés de Vannevar Bush, du programme de recherches sur la fission de l'atome.]

William Crookes : 2. *[1832-1919, chimiste et physicien britannique ; il montra en 1878 que les rayons cathodiques sont des particules électrisées.]*

Irène Curie : voir Irène Joliot-Curie.

Marie Curie : 4 à 6. *[Née Sklodowska, 1867-1934, physicienne française d'origine polonaise ; arrivée à Paris en 1892, elle épouse P. Curie en 1895 ; première femme titulaire d'une chaire à la Sorbonne, elle découvre la radioactivité du thorium, identifie, avec son mari, le polonium en 1898 et, avec A. Debierne, isole le radium en 1910 ; ses cendres ont été transférées au Panthéon (avec celles de P. Curie), en 1995 ; prix Nobel de physique 1903, de chimie 1911.]*

Pierre Curie : 4,6. *[1859-1906, physicien français ; il découvre, avec son frère Jacques, la piézoélectricité (1880) ; il étudie aussi le magnétisme des corps en fonction de la température et en déduit le « principe de symétrie » (1894) : les éléments de symétrie des causes d'un phénomène physique doivent se retrouver dans les effets produits ; enfin, il se consacre, avec sa femme, à l'étude des phénomènes radioactifs ; prix Nobel de physique 1903.]*

John Dalton : 1. *[1766-1844, physicien et chimiste britannique ; il donna les premières bases physiques de la théorie atomique et énonça la loi des proportions multiples et celle du mélange des gaz.]*

Raoul Dautry : 38. *[1880-1951, administrateur et homme politique français ; ministre de la Reconstruction et de l'Urbanisme (1944-1945), il fut administrateur du CEA (1946).]*

André Louis Debierne : 4. *[1874-1940, chimiste français ; il a isolé le radium, avec Marie Curie, et découvert l'actinium.]*

Jean Debiesse : 56. [1907-1978 ; directeur du Centre d'études nucléaires de Saclay de 1954 à 1971, il créa notamment l'INSTN en 1956.]

Démocrite : 1. *[V. 460-v. 370 av. J.-C., philosophe grec présocratique ; prolongeant Leucippe, il réduit la nature à un jeu d'atomes en évolution dans un vide infini, et propose une morale empreinte de modération et de quiétude ; il influença l'épicurisme.]*

Paul Dirac : 11. *[1902-1984, physicien britannique ; l'un des fondateurs de la théorie quantique relativiste, il introduisit un formalisme mathématique qui lui permit de prévoir l'existence de l'électron positif, ou positon ; il contribua également à l'élaboration d'une statistique dite de* Fermi-Dirac, *du comportement des particules ; prix Nobel de physique 1933.]*

Albert Einstein : 6, 7, 32, 37. *[1879-1955, physicien d'origine allemande, naturalisé suisse ; il établit la théorie du mouvement brownien et, appliquant la théorie des quanta à l'énergie rayonnante, aboutit au concept de photon ; il est surtout l'auteur des théories de la relativité (*relativité restreinte, *1905 ;* relativité générale, *1916), qui ont marqué la science moderne, dans lesquelles il révise profondément les notions physiques d'espace et de temps, et établit l'équivalence de la masse et de l'énergie ($E = mc^2$) ; épris de justice et de paix, il cosigna la lettre au président Roosevelt qui, devant la menace allemande, lança les recherches sur l'arme nucléaire ; mais, après la guerre, il lutta activement contre la prolifération de cette arme, notamment avec B. Russell ; prix Nobel de physique 1921.]*

Dwight David Eisenhower : 41. *[1890-1969, général et homme politique américain ; il fut président républicain des États-Unis de 1953 à 1961.]*

Épicure : 1. *[341-270 av. J.-C., philosophe grec ; il fonda à Athènes une école, le Jardin ; en quête de la tranquillité de l'âme, il fut l'initiateur d'un des courants majeurs de la pensée antique, (*l'épicurisme*) ; de son œuvre abondante il ne reste que trois lettres (*Lettre à Pythoclès, Lettre à Hérodote, Lettre à Ménécée*).]*

Enrico Fermi : 12 à 14, 22, 23, 27 à 31, 34, 45, 59, 66. *[1901-1954, physicien italien ; il créa, en 1927, conjointement à Dirac, une théorie permettant d'expliquer le comportement des électrons et des nucléons (statistique de* Fermi-Dirac*) ; il construisit en 1942, à Chicago, la première pile atomique à uranium et joua un rôle majeur dans la mise au point des armes nucléaires ; il fut l'un des initiateurs de la physique des particules ; prix Nobel de physique 1938.]*

Nicole Fontaine : 133. [Ministre de l'Industrie sous le gouvernement Raffarin, elle organisa en 2003 le Débat national sur les énergies.]

Otto Frisch : 13. [Avec sa tante, Lise Meitner, il annonça, en 1939, la découverte de la fission.]

Félix Gaillard : 54, 84. [1919-1970 ; président du Conseil en 1968, avant le retour au pouvoir de C. De Gaulle.]

Charles De Gaulle : 29, 38, 54, 67, 84. *[1890-1970, général et homme politique français ; il s'est rendu célèbre par son appel à la résistance le 18 juin 1940 et fut le chef de la France libre ; en juin 1944, il présida le Gouvernement provisoire de la République française ; rappelé au pouvoir à la faveur de la crise algérienne en mai 1958, il démissionna à la suite de l'échec du référendum du 28 avril 1969.]*

Louis Joseph Gay-Lussac : 1. *[1778-1850, physicien et chimiste français ; il énonça en 1805 les lois de la combinaison des gaz en volume.]*

Bertrand Goldschmidt : 39, 42, 43, 58. [1912-2002 ; un des chercheurs français envoyés aux États-Unis et au Canada pendant la guerre, il fut l'un des dirigeants du CEA et représenta la France au Conseil de l'AIEA ; auteur de quatre livres sur l'histoire de l'énergie nucléaire.]

Mikhaïl Gorbatchev : 125. *[Né en 1931 ; homme politique russe, secrétaire général du Parti communiste de l'Union soviétique (mars 1985 - août 1991), président du Praesidium du Soviet suprême (octobre 1988 - mars 1990, il est élu à la présidence de l'URSS en mars 1990 ; il démissionnera en décembre 1991 ; prix Nobel de la paix 1990.]*

Général Leslie R. Groves : 33. [Nommé en 1942 « Commander of the MED » (chef du Manhattan Engineering District), il coordonna les travaux de quelque 130 000 chercheurs et techniciens affectés au projet Manhattan, jusqu'à l'essai Trinity et les bombes de Hiroshima et Nagasaki.]

Jules Guéron : 39, 41, 58. [1907-1990 ; collaborateur de F. Joliot avant et après la guerre, premier directeur du centre CEA de Saclay.]

Otto Hahn : 13, 14. *[1879-1968, chimiste et physicien allemand ; avec L. Meitner, il a découvert le protactinium (1917) et le phénomène de l'isomérie nucléaire ; avec*

Fritz Strassmann, il a mis en évidence, en 1938, la fission de l'uranium ; prix Nobel de chimie 1944.]

Hans von Halban : 16, 29, 39. [1908-1964 ; collaborateur de F. Joliot avant la guerre, un des chercheurs français envoyés au Canada pendant la guerre.]

Werner Heisenberg : 10. *[1901-1976, physicien allemand ; l'un des fondateurs de la théorie quantique, il en a donné un formalisme matriciel ; il a formulé, en 1927, les inégalités qui stipulent qu'il est impossible de mesurer simultanément la position et la vitesse d'un objet quantique ; prix Nobel de physique 1932.]*

Eric Hellstrand : 59. [Physicien suédois, connu par les neutroniciens pour ses mesures de capture résonnante des neutrons.]

Jules Horowitz : 49, 58, 59, 67. [1921-1995 ; d'abord chercheur au Service de physique mathématique du CEA, il devint un des principaux dirigeants du CEA ; il fut l'un des fondateurs de l'« école française » de la neutronique et, notamment, créa le DEA de Physique des réacteurs.]

Irène Joliot-Curie : 11, 12. *[1897-1956, physicienne française, fille de Pierre et de Marie Curie ; seule ou en collaboration avec son mari, Jean Frédéric Joliot, elle effectua des travaux de physique nucléaire et des recherches sur la structure de l'atome qui conduisirent à la découverte du neutron (Chadwick, 1932) et de la radioactivité artificielle (1934) ; elle fut sous-secrétaire d'État à la Recherche scientifique en 1936 ; prix Nobel de chimie 1935.]*

Jean Frédéric Joliot dit **Frédéric Joliot-Curie** : 11 à 16, 22, 23, 29, 31, 38 à 40, 45, 57, 84. *[1900-1958, physicien français ; en collaboration avec sa femme Irène Curie, il découvrit la radioactivité artificielle (1934) ; il apporta une preuve physique du phénomène de fission, puis étudia les réactions en chaîne et les conditions de réalisation d'une pile atomique, Zoé, qui fut construite en 1948 ; il fut le premier haut-commissaire à l'Énergie atomique (1946-1950) ; prix Nobel de chimie 1935.]*

Lionel Jospin : 78. *[Né en 1937, homme politique français, Premier secrétaire du Parti socialiste (1981-1988 et 1995-1997), ministre de l'Éducation nationale (1988-1992), il est Premier ministre dans un contexte de cohabitation, de 1997 à 2002.]*

Martin Heinrich Klaproth : 3. *[1743-1817, chimiste allemand ; il découvrit notamment l'uranium (1798), le titane (1795) et le cérium (1803).]*

Igor Kourtchatov : 37. [1902-1960, physicien soviétique ; a été nommé en 1942 directeur d'un programme pour la réalisation d'une arme nucléaire ; a laissé son nom à l'Institut Kourtchatov de Moscou, principal centre d'études nucléaires russe.]

Lew Kowarski : 16, 29, 39, 58. [1907-1979 ; collaborateur de F. Joliot avant et après la guerre, un des chercheurs français envoyés au Canada pendant la guerre.]

Ernest Orlando Lawrence : 34. *[1901-1958, physicien américain ; il mit au point un procédé de séparation de l'uranium 235 ; on lui doit, surtout, l'invention, en 1930, du cyclotron ; prix Nobel de physique 1939).]*

John David Lawson : 123. [Né en 1923 ; physicien britannique, il a précisé en 1957 les conditions de la réaction de fusion (critère de Lawson).]

Leucippe : 1. *[V. 460-370 av. J.-C., philosophe grec présocratique ; fondateur présumé de la théorie atomique, il eut Démocrite comme disciple.]*

David Lilienthal : 41. [1899-1981 ; président de la Tennessee Valley Authority (TVA, entreprise nationale de la vallée du Tennesse), il fut, à sa création, nommé à la tête de l'Atomic Energy Commission (AEC, commission américaine à l'énergie atomique) (01/11/1946 - 15/02/1950).]

Lucrèce : 1. *[En latin* **Titus Lucretius Carus**, *v. 98-v. 55 av. J.-C., poète et philosophe latin ; son* De natura rerum, *poème philosophique puissant et sensuel, oppose la physique et la morale épicuriennes à la crainte des dieux et de la mort, entrave au bonheur.]*

Walter Marshall, plus tard **Lord Marshall** : 68. [Il fut président du *Central Electricity Generating Board* (CEGB), équivalent anglais d'EdF.]

Lise Meitner : 13. *[1878-1968, physicienne autrichienne ; elle a découvert le protactinium avec O. Hahn (1917) et a donné la théorie de la fission de l'uranium (1939).]*

Dmitri Ivanovitch Mendeleïev : 1, 10, 12, 13. *[1834-1907, chimiste russe ; il est l'auteur de la classification périodique des éléments chimiques (1869).]*

Pierre Mendès France : 54, 84. *[1907-1982, homme politique français ; Président du conseil en 1954-1955, il marqua la vie politique française tant par son style nouveau que par l'importance de ses décisions.]*

Pierre Messmer : 68. *[Né en 1916 ; homme politique français, il fut ministre des Armées (1960-1969) et Premier ministre (1972-1974)* ; le « plan Messmer », lancé le 6 mars 1974, marque le démarrage de l'important effort d'équipement de la France en centrales électronucléaires.]

François Mitterrand : 87. *[1916-1996, homme politique français ; Premier secrétaire du Parti socialiste (1971), et l'un des instigateurs de l'union de la gauche, il fut président de la République de 1981 à 1995 (deux mandats).]*

Roger Naudet : 62. [Chercheur au Service de physique mathématique du CEA ; il a été l'un des principaux physiciens des réacteurs à eau lourde et fut chargé de la coordination des recherches sur le phénomène d'Oklo.]

John von Neumann : 59. *[1903-1957, mathématicien américain d'origine hongroise ; il est l'auteur d'une théorie des jeux (avec O. Morgenstern) ; dès la fin des années 1930, il a défini la structure possible d'une machine automatique de traitement de l'information à programme enregistré, qui correspond à la structure de la plupart des ordinateurs actuels ; avec J.G. Charney, il a mis au point les premiers calculateurs.]*

Isaac Newton : 7. *[1642-1727, savant anglais ; on lui doit notamment la théorie de l'attraction universelle.]*

Ida Noddak née **Tacke** : 13. [1896-1979, chimiste allemande ; elle découvrit en 1925, avec son futur mari Walter Noddak, le rhénium ; en 1934, en réfléchissant sur les expériences de Fermi, elle eut l'intuition de la fission, sans toutefois pouvoir en apporter une preuve.]

Julius Robert Oppenheimer : 33. *[1904-1967, physicien américain ; auteur de travaux sur la théorie quantique de l'atome, il fut nommé, en 1943, directeur du centre de recherches de Los Alamos, où furent mises au point les premières bombes A ; par la suite, il refusa de travailler à la bombe H, fut accusé de collusion avec les communistes, puis réhabilité.]*

Francis Perrin : 16, 26, 45, 84. *[1901-1992, physicien français, fils de Jean Perrin ; il établit, avec F. Joliot et son équipe, la possibilité de produire des réactions nucléaires en chaîne et d'en obtenir de l'énergie (1939) ;* il introduisit notamment la notion de taille critique ; *il fut haut-commissaire à l'Énergie atomique de 1951 à 1970.]*

Jean Perrin : 8. *[1870-1942, physicien français ; il montra que les rayons cathodiques sont constitués de corpuscules d'électricité négative (1895) et détermina le nombre d'Avogadro de plusieurs façons, apportant ainsi une preuve décisive de l'existence des atomes ; il a expliqué le rayonnement solaire par les réactions thermonucléaires de l'hydrogène ; il fonda le palais de la Découverte en 1937 ; prix Nobel de physique 1926.]*

Henri Poincaré : 3. *[1854-1912, mathématicien français ; auteur de très nombreuses publications, il fut l'un des savants les plus célèbres de son temps.]*

Georges Pompidou : 67. *[1911-1974, homme politique français ; directeur du cabinet du général de Gaulle (1958-1959), Premier ministre (1962-1968), il devint président de la République en 1969, après le général de Gaulle, mais mourut au cours de son mandat.]*

Norman Rasmussen : 56, 102. [1927-2003 ; professeur au MIT, il étudia, avec une équipe de 40 scientifiques, les scénarios accidentels pouvant survenir sur les réacteurs nucléaires et évalua leurs probabilités ; son rapport a marqué un jalon des études de sûreté ; il est considéré comme le créateur des évaluations probabilistes de sûreté.]

Hyman Rickover : 66. [1900-1986 ; « père » du sous-marin atomique américain, puis du réacteur électronucléaire à eau sous pression.]

Wilhelm Conrad Röntgen : 2. *[1845-1923, physicien allemand ; il découvrit les rayons X (1895), étudia leur propagation et leur pouvoir de pénétration, et observa qu'ils ionisaient l'air ; prix Nobel de physique 1901.]*

Franklin Delano Roosevelt : 32, 33, 35. *[1882-1945, homme politique américain ; il est élu président des États-Unis en 1933, réélu en 1936 et 1940 ; il apporte, à partir de 1939, son aide à la Grande-Bretagne et à la France contre l'Allemagne et l'Italie, et dirige avec énergie l'effort de guerre américain (déc. 1941) puis, par une diplomatie active, prépare l'après-guerre ; il est réélu en 1944, mais meurt en avril 1945.]*

Carlo Rubbia : 116 à 119. *[Né en 1934, physicien italien ; il a été à l'origine de la découverte au Cern, en 1983, des bosons intermédiaires W et Z ; prix Nobel de physique 1984.]*

Ernest Rutherford : 8 à 10. *[1871-1937, physicien britannique ; il découvrit en 1899 la radioactivité du thorium et donna en 1903, avec Soddy, la loi des transformations radioactives ; il distingua les rayons β et α, montrant que ces derniers sont constitués de noyaux d'hélium ; grâce aux rayons α du radium, il réalisa, en 1919, la première transmutation provoquée, celle de l'azote en oxygène ; il proposa un modèle d'atome composé d'un noyau central et d'électrons satellites ; prix Nobel de chimie 1908.]*

Andreï Sakharov : 37. *[1921-1989, physicien soviétique ; auteur de contributions importantes en physique des particules, il a joué un grand rôle dans la mise au point de la bombe H soviétique ; il fut, dans les années 1970-1980, un ardent défenseur des droits de l'homme en URSS ; prix Nobel de la paix 1975.]*

Gerhard Carl Schmidt : 5. [Il mit en évidence, à Berlin, parallèlement et indépendamment de Marie Curie, la radioactivité du thorium (1898).]

Gerhard Schröder : 111. *[Né en 1944, homme politique allemand ; social-démocrate (président du SPD depuis 1999), il devient chancelier après la victoire de son parti aux élections de 1998.]*

Glenn Theodore Seaborg : 22. *[1912-1999, chimiste américain ; il a découvert le plutonium (avec E.M. McMillan), ainsi que plusieurs éléments transuraniens ; prix Nobel de chimie 1951.]*

Ivan Selin : 68. [Ingénieur et haut fonctionnaire américain, il présida la NRC (Nuclear Regulatory Commission : autorité de sûreté) du 01/07/1991 au 30/06/1995.]

Marie Sklodowska-Curie : voir Marie Curie.

Frederick Soddy : 7, 10. *[1877-1956, chimiste britannique ; ses travaux sur la radioactivité lui permirent d'expliquer le mécanisme de désintégration des atomes et de donner la loi de filiation (1902) ; il découvrit, en 1913* (et non 1903 comme indiqué par le *Petit Larousse*), *l'isotopie ; prix Nobel de chimie 1921.]*

Fritz Strassmann : 13. [1902-1980 ; avec O. Hahn, il mit en évidence, en 1938, la fission de l'uranium.]

Leo Szilard : 16, 32. *[1898-1964, physicien américain d'origine hongroise ; collaborateur de E. Fermi, il a réalisé la réaction des rayons γ sur le béryllium et participé à la construction de la première pile atomique (Chicago, 1942).]*

Pierre Tanguy : 68. [Ingénieur français ; il fut notamment directeur de l'Institut de protection et de sûreté nucléaire (IPSN) de 1978 à 1985.]

Pavel Alekseïevitch Tcherenkov : 94. *[1904-1990, physicien soviétique ; il a découvert, en 1934, l'émission de lumière par les particules chargées se déplaçant dans un milieu à une vitesse supérieure à celle de la lumière dans ce milieu ; prix Nobel de physique 1958.]*

Edward Teller : 37, 41. *[1908-2003, physicien américain d'origine hongroise ; il participa à la mise au point de la première bombe atomique puis, contre l'avis de J.R. Oppenheimer, dirigea la réalisation de la bombe H américaine ; il inspira l'Initiative de défense stratégique (« guerre des étoiles ») du président Reagan (1983).]*

Harry S. Truman : 35, 37. *[1884-1972, homme politique américain ; vice-président de F.D. Roosevelt, il est président des États-Unis de 1945 à 1953 ; il met fin à la Seconde Guerre mondiale en utilisant la bombe atomique contre le Japon (1945).]*

Stanislas Ulam dit **Stan Ulam** : 37. [1909-1984 ; physicien polonais naturalisé américain, il résolut, avec Edward Teller, le problème du déclenchement de la fusion dans une bombe à hydrogène ; il faut aussi l'un des inventeurs de la méthode de Monte-Carlo largement utilisée aujourd'hui dans les calculs de neutronique.]

Harold Clayton Urey : 23. *[1893-1981, chimiste américain ; il découvrit, en 1931, l'eau lourde et le deutérium ; prix Nobel de chimie 1934.]*

Georges Vendryes : 53, 126. [Né en 1920 ; ingénieur au CEA, promoteur de la filière des réacteurs à neutrons rapides.]

Jules Verne : 66. *[1838-1905, écrivain français ; sa série des* Voyages extraordinaires, *destinés à l'adolescence, inaugure le genre du roman scientifique d'anticipation (*Cinq semaines en ballon, *1863 ;* Voyage au centre de la Terre, *1864 ;* De la Terre à la Lune, *1865 ;* Vingt mille lieues sous les mers, *1870 ;* Le tour du monde en quatre-vingts jours, *1873 ;* Michel Strogoff, *1876).]*

Eugene Paul Wigner : 32. *[1902-1995, physicien américain d'origine hongroise ; il a contribué au développement de la physique théorique et fut l'un des promoteurs du programme de recherche nucléaire américain ; prix Nobel de physique 1963 ;* auteur avec Alvin M. Weinberg d'un des premiers ouvrages — très complet — de neutronique : *The Physical Theory of Neutron Chain Reactor,* University of Chicago Press, 1958.]

Jacques Yvon : 58. [1903-1979 ; physicien au CEA, il fut le premier chef du Service de physique mathématique à Saclay, puis haut-commissaire.]

Collection Génie Atomique

Cette collection a obtenu
le PRIX SPÉCIAL DU JURY SFEN 2006.

(Le prix de la Société française d'énergie nucléaire récompense une œuvre de caractère scientifique et technique concernant l'énergie nucléaire.)

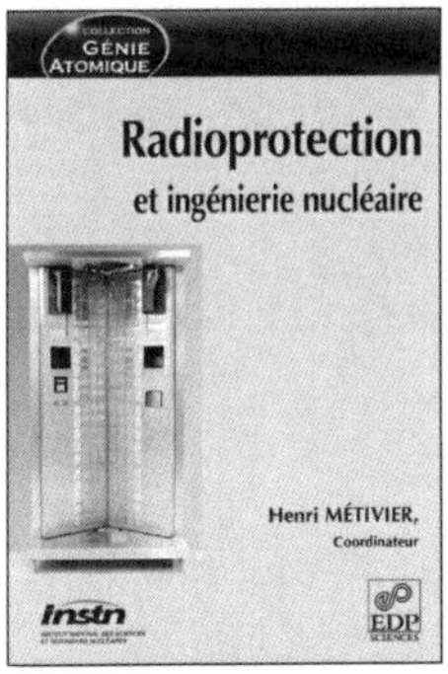

2006
508 p.
59 €

Radioprotection et ingénierie nucléaire • H. Métivier, coord.

Ce livre recouvre toutes les facettes de la radioprotection : la genèse du système de protection radiologique, ses bases scientifiques, sa gestion au quotidien, mais aussi son ingénierie. Écrit par un collectif de spécialistes, cet ouvrage est également utile aux professionnels souhaitant actualiser leurs connaissances.

L'économie de l'énergie nucléaire • É. Bertel et G. Naudet

Le choix du système de production énergétique est un enjeu fondamental, non seuleument économique mais aussi stratégique, social et environnemental. Un développement durable ne peut se concevoir sans une analyse complète de l'ensemble des coûts.

2004
448 p.
49 €

2004
294 p.
45 €

La chaudière des réacteurs à eau sous pression • J.-P. Py et al.

L'objet de cet ouvrage est d'aborder de façon exhaustive les questions concernant la conception et le fonctionnement des chaudières des réacteurs à eau sous pression équipant les centrales nucléaires. Il est destiné aux futurs ou jeunes ingénieurs de l'industrie nucléaire.

Achevé d'imprimer par Présence Graphique
2 rue de la Pinsonnière - 37260 Monts
N° d'imprimeur : 010722842-1500